재밌어서 밤새 읽는

# 인류진화 이야기

# 재밌어서 밤새 읽는

인류 진화 이야기

사마키 다케오 지음 | 서현주 옮김 | 우은진 감수

더숲

인류 진화에 얽힌 이야기는 참 재미있다. "우리 인간은 어디서 왔을까?" 인류 진화에 관한 책을 쓰기로 결정하고, 가장 먼저 스스로 이런 질문을 해봤다. 그리고 이 책이 추구하고자 하는 근원적인 물음에 답하려면 어떤 식으로 이야기를 풀어나가야 좋을지 여러 가지 고민을 했다. 이해하기 쉬우면서도 재미있고 유익한 책을 쓰고 싶었다.

우리 몸속에는 인간으로 진화해온 모든 과정과 태곳적부터 이어진 40억 년의 생명의 역사가 기록되어 있다. 이 기적과도 같은 여정을 한 권의 책에 담고자 노력했다. 이 책은 Part 1부터 순서대로 인류 진화의 과정부터 최초의 생명이 등장한 시대까지 거슬러 올라가는 방식으로 이야기를 진행해나간다.

● Part 1에서는 최초의 인류부터 현대인까지를 다룬다. Part 2에서는

우리 조상이 육지로 처음 올라온 순간부터 최초의 인류가 등장하기 직전까지의 시대를 다룬다. 마지막 Part 3에서는 최초의 생명 탄생부터 뼈 있는 지느러미를 가진 물고기의 등장까지 설명한다.

- 각 장Part에서는 앞선 시기부터 차례로 시간의 흐름에 따라 이야기를 진행한다.

- 각 시기에 일어난 중요한 사건을 중심으로 쉽고 재미있게 풀어나간다.

- 게놈(전체 유전자 정보)의 분석 방법 등에 관해서는 깊게 다루지 않고 결과만 간략하게 정리하면서 언급한다.

지금부터 독자의 이해를 돕고자 인류 진화에 대한 기초 지식을 짧게 소개하고자 한다. 우리 조상을 따라서 과거로 거슬러 올라가다 보면 무수하게 나뉘는 갈림길을 만나게 된다. 그리고 그 각각의 갈림길에는 공통의 조상들이 존재한다. 대표적인 예가 인간과 침팬지의 공통 조상이다. 약 700만 년 전, 인류는 침팬지와의 공통 조상에서 갈라져 나와 진화했다. 공통의 조상에서 분기한 인간과 침팬지는 같은 기간, 서로 다른 환경에 놓이면서 각자의 조건에 맞춰 서로 다른 신체적 특징들을 갖게 되었다.

침팬지는 숲속의 생활에 적응했지만 인간은 숲을 떠나 이후 수준 높은 도구를 만들어 사용했다. 따라서 "동물원의 침팬지가 진화하면 인간이 되는 건가요?"라는 질문에 대한 대답은 이렇다.

"그렇지 않다."

현재 우리와 함께 살아가는 모든 생물이 그렇다. 인류 진화를 공부하면 배움의 즐거움뿐만 아니라, 지구에서의 생명 탄생 시점부터 오늘날까지 진화의 전 과정을 이해할 수 있다. 그리고 이러한 이해는 "우리는 어떻게 현재 이곳에 있을까?"라는 궁금증에 대한 실마리를 준다.

나는 인류 진화 전문가가 아니다. 하지만 초·중·고등학교의 과학 수업에서 무엇을 어떻게 가르칠 것인지에 대한 방법을 알려주고 연구하는 과학교육 전문가다. 중·고등학교 교사로 발령받아 처음으로 본격적인 수업을 시작하던 새내기 교사 시절, 나는 학생들을 가르치기 위해 필사적으로 공부했다. 이 마음가짐만큼은 대학교수가 된 지금도 변함이 없다. 책을 쓸 때도 마찬가지다. 나는 글을 쓰면서 새로운 지식을 접할 때마다 설레는 마음을 주체할 수 없다. 이 책을 읽는 독자에게도 내가 느꼈던 지적 설렘이 전해지기를 바란다.

# 우리는 어디에서 왔을까?

　살면서 누구나 한번쯤은 "나는 누구이며 어디에서 왔을까?"를 생각해봅니다. 집에서 아득하게 멀리 떨어진 여행지의 숙소에 누워서 나의 삶이 어디로 흘러가고 있는지를 생각하기도 하고, 깜깜한 밤거리를 터덜터덜 걸으며 느닷없이 이런 질문에 빠져들기도 합니다. 하루하루 행복과 성공을 부지런히 쫓으며 열심히 살다가 어느 날 문득 이런 질문과 마주하면 참 난감해집니다.

　나는 누구이고 어디에서 왔는지를 알아내는 과정은 결코 간단명료할 수 없죠. 그저 평범하게 살아온 인생일지라도 저마다의 역사가 있기 마련이니까요. 역사는 거꾸로 묻는 과정입니다. 어디에서 왔는지를 묻다 보면 내가 누구이며 어디로 가는지 앞으로의 내가 희미하게나마 보입니다. 그러니 내가 또는 우리가 누구인지를 묻는 것도 바로 앞으로 나아가기 위함이 아닐까요?

시작을 묻는 건 어쩌면 오직 우리 인간만이 할 수 있는 일인지도 모릅니다. 나의 시작에서 나아가 우리의 시작도 마찬가지죠. 지난 6만 년 동안 전 지구에 퍼져 지구의 정복자로 불리는 우리는 어디서 비롯된 존재일까요?

이 책은 이렇게 인류의 시작을 거꾸로 묻고 있습니다. 인류가 지나온 복잡다단한 역사를 묻고 또 물으며, 궁극에는 오늘날 우리가 왜 이런 모습으로 살아가는지를 깨닫게 합니다. 저자는 인류 진화의 역사에서 가장 중요한 핵심 사건은 무엇이며, 이 시나리오가 어떻게 구성되었는지를 흥미진진한 사건과 함께 이야기하고 있습니다.

교과서의 지면은 단 몇 줄로만 설명하지만 인류 진화의 이야기는 끝이 없습니다. 물론 여기에 소개된 이야기들도 인류 진화의 역사를 전부 포함하지는 못합니다. 하지만 환경의 변화와 우연에 의해, 가끔은 요행이 작용하기도 하면서 우리의 역사가 굽이굽이 흘러왔다는 사실만큼은 독자들께 분명히 전달되리라 생각합니다. 진화의 시간은 앞을 보지 못하는 눈먼 시계공처럼 계획을 세울 수도 없고 예측도 불가능합니다. 계획대로 흘러가지 않는다는 점에서는 마치 우리의 인생과도 같죠. 앞을 볼 수 없을 땐 거꾸로 물어 답을 찾을 수도 있지 않을까요?

이 책과 함께 거꾸로 질문하면서 나와 우리의 과거가 미래의 우리와 어떻게 맞닿아 있는지를 깨닫고 지난 시간 속에서 그래 왔듯이 덤덤하게 미래를 향해 나아갈 힘을 얻을 수 있기를 바랍니다.

우은진

차례

**Part 3** 신비로운 생명 탄생 이야기

# 지질연대표

| | | | 대(代) | 기(紀) | (만 년 전) |
|---|---|---|---|---|---|
| **현생대** | 신생대 | | 신생대 | 제사기 | |
| | | | | | 258 |
| | 중생대 | | | 신제삼기 | |
| | | | | | 2300 |
| | 고생대 | | | 고제삼기 | |
| | | | | | 6600 |
| **선캄브리아기** | 원생대 | | 중생대 | 백악기 | |
| | | | | | 1억 4500 |
| | | | | 쥐라기 | |
| | | | | | 2억 |
| | | | | 트라이아스기 | |
| | | | | | 2억 5100 |
| | 시생대 | | 고생대 | 페름기 | |
| | | | | | 2억 9900 |
| | | | | 석탄기 | |
| | | | | | 3억 5900 |
| | | | | 데본기 | |
| | | | | | 4억 1600 |
| | 명왕누대 | | | 실루리아기 | |
| | | | | | 4억 4400 |
| | | | | 오르도비스기 | |
| | | | | | 4억 8800 |
| | | | | 캄브리아기 | |
| | | | | | 5억 4200 |

현재

5억 4200만 년 전

25억 년 전

38억 년 전

46억 년 전

현생대

《〈이과연표〉 2015년도 판을 기준으로 작성)

# Part 1

# 흥미진진한
# 인류 진화 시나리오

## 인류 진화의 5단계

## 새로운 관점의 인류 진화 시나리오

'인간의 조상은 원숭이였다.' 이 전제처럼 과거에는 인류 진화의 과정을 다음과 같이 설명했다. '인간과 유인원의 공통 조상은 원래 나무 위에서 살았다. 어느 순간 이들은 나무에서 내려와 지상에서 서식했고 유인원으로 나아갔다. 그리고 이 유인원이 원인猿人·원인原人·구인舊人·신인新人의 4단계를 거쳐 인류로 진화했다.'(최근 들어 해당 용어들은 비교적 사용하지 않는 추세다-감수자)

아프리카의 깊은 숲속을 벗어나 사바나의 초원으로 나온 초기

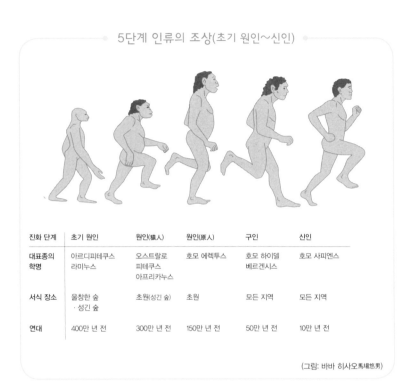

| 진화 단계 | 초기 원인 | 원인(猿人) | 원인(原人) | 구인 | 신인 |
|---|---|---|---|---|---|
| 대표종의 학명 | 아르디피테쿠스 라미누스 | 오스트랄로 피테쿠스 아프리카누스 | 호모 에렉투스 | 호모 하이델 베르겐시스 | 호모 사피엔스 |
| 서식 장소 | 울창한 숲 · 성긴 숲 | 초원(성긴 숲) | 초원 | 모든 지역 | 모든 지역 |
| 연대 | 400만 년 전 | 300만 년 전 | 150만 년 전 | 50만 년 전 | 10만 년 전 |

(그림: 바바 히사오馬場悠男)

유인원들은 네발로 걸어 다녔다. 그 후, 서서히 몸을 일으켜 두 발로 걷기 시작하면서 드넓은 대지를 활보하게 되었다. 이것이 우리가 과거에 상식처럼 생각하던 인류 진화의 시나리오다.

그러나 실제 인류의 진화 과정은 이처럼 일직선의 단계적인 형태로 발전하지 않았다. 수많은 종류로 갈래가 나뉘었고, 번영과 쇠퇴를 거듭하다가 결국 일부는 멸종의 길로 들어서는 등 매우 복잡한 과정을 거쳤다. 최근 25년간 많은 양의 화석이 발굴되었다. 특히 400만 년 전을 기준으로 그보다 오래된 가장 초기의 인류 화석들이 차례로 발굴되면서 이 복잡한 진화 과정이 밝혀졌다.

원인猿人·원인原人·구인·신인이라는 용어는 국제적으로 쓰이는 학술 용어는 아니다. 하지만 진화의 단계를 설명하기에 상당히 편리한 용어이다. 더욱이 최근 몇 년간 초기 원인猿人에 대한 연구가 활발하게 이루어지면서 이제는 초기 원인과 원인猿人을 별도의 카테고리로 분류하고 있다. 즉 인류 진화를 초기 원인·원인猿人·원인原人·구인·신인이라는 5단계로 나눈다.

먼저 인류별 각 시대가 어떻게 전개되었는지 그 흐름에 대해 살펴보도록 하자.

- **약 700만 년 전: 초기 원인의 시대**
  아프리카에서 침팬지와 공통의 조상에서 갈라져 나온 초기 원인이 숲 속에서 몸을 일으켜 두 발로 걷기 시작함(일시적으로 두 발로 걸었던 것으로 추정). 송곳니는 퇴화되기 시작.
- **약 400만 년 전: 원인猿人의 시대**
  원인들이 숲을 떠나 서서히 초원으로 이동. 직립보행이 가능해짐.
- **약 200만 년 전: 원인原人의 시대**
  아프리카에서 원인이 탄생. 뇌가 본격적으로 커지고 지능이 발달하기

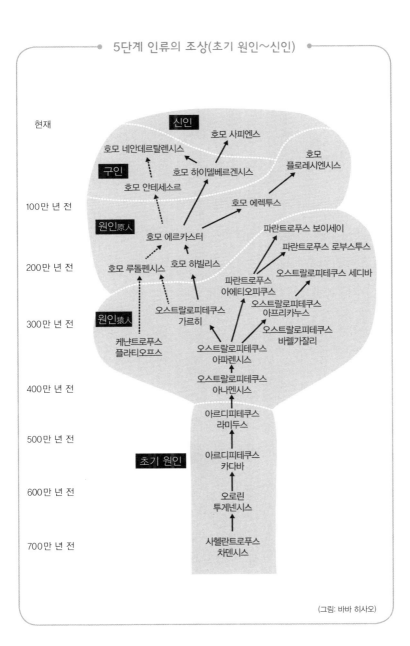

현재

**신인**

호모 사피엔스

호모 네안데르탈렌시스

**구인**

호모 하이델베르겐시스

호모
플로레시엔시스

호모 안테세소르

100만 년 전

호모 에렉투스

**원인原人**

호모 에르카스터

파란트로푸스 보이세이

파란트로푸스 로부스투스

200만 년 전

호모 루돌펜시스

호모 하빌리스

오스트랄로피테쿠스 세디바

파란트로푸스
아에티오피쿠스

**원인猿人**

오스트랄로피테쿠스
가르히

오스트랄로피테쿠스
아프리카누스

300만 년 전

케냔트로푸스
플라티오프스

오스트랄로피테쿠스
아파렌시스

오스트랄로피테쿠스
바렐가잘리

400만 년 전

오스트랄로피테쿠스
아나멘시스

아르디피테쿠스
라미두스

500만 년 전

아르디피테쿠스
카다바

**초기 원인**

600만 년 전

오로린
투게넨시스

700만 년 전

사헬란트로푸스
차덴시스

(그림: 바바 히사오)

시작. 본격적으로 도구를 만들어 썼으며, 초기에는 죽은 동물의 시체를 찾아다녔지만 점차 적극적인 사냥 활동으로 발전.

- 약 60만 년 전: 구인의 시대

  아프리카에서 구인이 탄생. 손과 두뇌, 도구의 상호작용으로 기술이 발달하고, 중·대형 동물을 대상으로 한 수렵 문화가 발달.

- 약 20만 년 전: 신인의 시대(현재까지)

  아프리카에서 호모 사피엔스Homo sapiens가 탄생.

- 약 6만 년 전~

  아프리카에서 탄생한 호모 사피엔스(일부는 혼혈)가 전 세계로 확산.

- 약 1만 년 전~

  농경과 목축을 시작.


## 직립보행의 증거

인류 역사상 가장 오래된 인류는 누구일까? 중앙아프리카 차드에서 발견된 사헬란트로푸스 차덴시스Sahelanthropus tchadensis라고 불린 원인猿人이 지금까지 밝혀진 인류 가운데 가장 오래되었다. 이들은 약 700만 년 전에 출현한 것으로 추정된다. 그 뒤를 이어 약 580만~440만 년 전에는 아르디피테쿠스 라미두스Ardipithecus

사헬란트로푸스 차덴시스

아르디피테쿠스 라미두스
(라미두스 원인)

ramidus가 출현했다. 두 인류는 과거에 알려진 원인과는 뚜렷이 드러나는 다른 특징을 보였다. 그래서 초기 원인이라는 독립적인 카테고리로 분류하여 연구가 이루어지고 있다.

초기 원인들은 몸집이 작았다. 키는 암컷 침팬지와 비슷한 120센티미터 정도였고, 뇌 용적도 300~350밀리리터로 침팬지와 큰 차이가 없었다. 현대인과 비교하면 4분의 1 내지는 3분의 1 크기 수준이다. 이들은 숲속에서 열매를 따 먹으며 생활했다. 출토된 화석 주변에서 동물의 화석이 함께 나타나는 것을 보면 주요 서식지는 숲이었던 것으로 보인다.

사헬란트로푸스 차덴시스는 툭 튀어나온 입과 긴 송곳니를 가지고 있었다. 뇌 용적뿐만 아니라 대부분의 신체적 특징이 침팬지와 매우 비슷했다. 침팬지에 가까운 특징에도 불구하고 인류의 한 종으로 보는 이유는 무엇일까? 결정적인 이유는 머리뼈 아래쪽에 나 있는 구멍 때문이다. 뇌와 척수를 이어주는 이 구멍이 아래쪽을 향하고 있었다. 다시 말해, 척추 위에 수직으로 머리가 놓여 있었던 것이다.

이것은 초기 원인들이 어느 정도 직립보행이 가능했음을 보여준다. 즉 몸을 유인원처럼 구부리지 않고 움직였을 가능성이 높다는 의미다. 직접적인 증거인 발 화석이 아직 발견되지 않아서 확실하게 단정 지을 수는 없다. 그러나 온전한 두개골 화석이 출토되어 구조적으로 직립보행의 가능성을 보여주고 있어서 인류의 한 계통으로 분류하고 있다.

1992년에는 아르디피테쿠스 라미두스 원인의 제1호 화석이 발견되었다. 오스트랄로피테쿠스보다 앞선 고인류로서는 처음 보고되는 화석이었다. 그 후 1994년, 전신에 해당하는 거의 모든 골격이 발굴되면서 아르디피테쿠스 라미두스 원인에 대한 구체적인 연구가 이루어지게 되었다. 이들의 손과 발은 유인원을 닮았지만, 척추와 머리의 위치 그리고 골반의 형태가 훗날 등장하는 원인 및 현대인과 매우 비슷했다. 우리가 서서 두 발로 걸을 때는 전신의 체중이 발뿐만 아니라 골반에도 분산되어 함께 실린다. 쉬운 예로 네발로 걷는 곰의 골반은 인간의 골반에 비해 상하좌우 비율이 훨씬 작다. 옆으로 넓게 퍼진 인간의 골반은 내장을 비롯하여 상반신 전체를 흔들리지 않도록 꽉 잡아주는 역할을 한다.

이처럼 가장 오래된 인류의 신체적 특징들을 자세히 살펴보면 다음과 같은 사실을 짐작할 수 있다. 초기 원인이 숲에서 네발로 나와 초원을 거닐다가 서서히 몸을 일으킨 것이 아니라, 숲속에서 생활하던 시절에 이미 허리를 펴고 일어났다는 것이다.

다만 골반의 아래쪽은 침팬지처럼 긴 것이 특징이다. 이것은 이족보행보다 나무 타기에 적합한 특징이라고 할 수 있다. 나무 위에서 열매를 따 먹고 내려와 다른 나무로 옮겨가는 사이에 잠깐씩 이족보행을 한 것으로 보인다. 사헬란트로푸스 차덴시스와 아르디피테쿠스 라미두스 원인 외에도 아르디피테쿠스 카다바 Ardipithecus kadabba 나 오로린 투게넨시스Orrorin tugenensis와 같은 초기 원인의 화석은 지금도 계속 발견되고 있다. 아직 카다바와 오로린의 두개골은 찾지 못했지만, 앞으로 이어지는 발굴 작업을 통해서 네 종류의 초기 원인들의 관계가 명확해지기를 기대한다.

# 침팬지의 송곳니

## 수컷 침팬지의 송곳니가 발달한 이유

침팬지의 수컷과 암컷을 신체적으로 비교해보면 상당한 차이가 난다. 수컷 침팬지는 체구가 훨씬 크고 몸무게도 55킬로그램까지 나가는데, 암컷은 35킬로그램 정도에 불과하다. 교토대학교 영장류 연구소의 자료에 따르면 수컷 침팬지는 힘이 대단히 좋아서 악력이 무려 300킬로그램에 달한다고 한다. 20대 인간 남성의 평균 악력이 47킬로그램 정도로, 현대의 평균 체중의 성인이 수컷 침팬지에게 한번 잡히면 그냥 휙 하고 내던져질 정도로

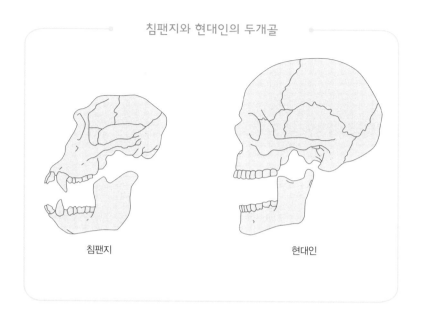

침팬지와 현대인의 두개골

침팬지

현대인

대단한 위력이다.

날카로운 송곳니는 수컷 침팬지의 또 다른 무기다. 인간의 송곳니와는 비교할 수 없을 만큼 크고, 소구치(작은 어금니) 주변에 있는 이빨과 맞물리면서 마찰로 인해 계속 갈리기 때문에 언제나 칼처럼 날카롭게 다듬어져 있다. 그래서 수컷 침팬지에게 물리면 송곳니 때문에 살이 길게 찢기는 상처를 입을 위험이 있다. 수컷 침팬지의 송곳니가 이처럼 발달한 이유는 적대 관계에 있는 동물 집단을 공격하거나 무리 안에서 높은 서열에 올라 암컷을 독차지하기 위해서였다. 이밖에도 날카로운 송곳니는 다른 포유류들을 집단 공격할 때도 아주 유용했다.


## 러브조이 박사의 식량공급가설

아르디피테쿠스 라미두스 원인이 수컷과 암컷의 몸집에 차이가 있고, 작은 송곳니를 가졌다는 사실이 화석 연구를 통해 밝혀졌다. 이는 유인원 시절에 벌였던 수컷끼리의 혈투와 암컷을 향한 폭력적인 대응 방식에 변화가 생기면서 난폭한 성향이 줄어들었음을 보여준다. 동시에 직립보행으로 두 손이 자유로워졌다. 수컷 아르디피테쿠스 라미두스 원인은 이렇게 자유로워진 두 손으로 먹이를 모아 특정 암컷에게 수시로 가져다주었을지도 모른다. 이러한 가설을 뒷받침하는 연구가 있었다. 미국의 켄트주립대학교에서 아르디피테쿠스 라미두스 원인 화석을 연구하던 오웬 러브조이Owen Lovejoy 박사의 '식량공급가설'이다(현재 이 이론은 고정된 성 역할을 심어주는 이론으로 인식되어 거의 폐기되었다-감수자).

오늘날 유인원의 행동 양식을 참고한 러브조이 박사의 가설은 이렇다. 식량을 가져다준 대가로 암컷은 수컷을 성적으로 받아들이고 그로부터 관계가 형성되어 수컷은 암컷이 낳아 기르는 새끼를 자신의 새끼로 인식하게 된다. 이로 인해 암컷이 수컷을 선

택할 때도 단순히 무리 속에서 힘만 센 수컷보다는 다정한 성향에 안정적으로 식량을 공급해줄 수컷을 선호하게 되었다는 것이다. 박사는 이 가설을 통해 이른바 '부부의 탄생' 배경을 설명하려고 했었는지도 모른다.

내 맘을
받아줘요.

# 루시라는 애칭의 오스트랄로피테쿠스

## 어느 대학원생의 놀라운 발견

세계적으로 가장 유명한 인류 화석은 무엇일까? 1974년 도널드 요한슨Donald Johanson 박사가 발견한 오스트랄로피테쿠스의 화석이다. 318만 년 전의 화석으로 에티오피아 하다르 지역에서 발굴되었다. 당시 요한슨 박사는 시카고대학교의 대학원생이었다. 그런데 그 시절의 요한슨 박사는 그다지 '착실한' 연구자는 아니었던 모양이다. 그는 '멋진 인류 화석 하나 발견해서 단번에 성공할 거야'라는 태도로 연구에 임했다고 한다. 당시 요한슨 박사를

기억하는 한 연구자는 "구찌 신발에 입생로랑 바지를 입고 다니는 연구자였으니, 도무지 믿음이 가질 않았죠"라고 회고하기도 했다. 그런 요한슨 박사는 1973년 에티오피아로 건너가 드넓은 아파르 분지의 반사막 지대를 조사하면서 몇 종류의 원인猿人 화석을 발견했다.

그리고 이듬해인 1974년 11월 30일, 그에게 일생일대의 행운이 찾아왔다. 요한슨 박사는 같은 팀의 공동 연구자인 톰 그레이Tom Grey와 종일 발품을 팔며 현장을 조사했다. 그러나 몇 개의 포유류 뼈만 건졌을 뿐, 인류로 보이는 화석은 단 한 점도 찾지 못했다. '조금만 더 찾아보고 오늘은 철수하자.' 이내 마음을 접고

하다르 유적의 위치

아프리카 대륙

에티오피아, 하다르

돌아서려는 순간, 팔인지 다리인지 모를 뼈 하나가 눈에 들어왔
다. 그리고 그 자리에서 연달아 후두부의 머리뼈 조각들이 발견
되었다. 심상치 않은 낌새에 주변을 살펴보니 심지어 다른 신체
부위로 보이는 화석들이 사방에 묻혀 있는 것이 아닌가! 요한슨
박사는 관절까지 남아 있는 초기 인류의 뼈 한 구가 그곳에 잠들
어 있다는 사실을 직감했다. 주위에는 이미 어슴푸레 땅거미가
내려앉아 있었다. 캠프로 돌아온 두 사람은 잠을 이루지 못했다.

잠을 이루기는커녕 이 엄청난 발견에 흥분을 감추지 못한 채

맥주를 마시며 조금 아까 발견한 화석 이야기로 밤을 지새웠다. 마침 라디오에서 비틀즈The Beatles의 〈루시 인 더 스카이 위드 다이아몬즈Lucy in the Sky with Diamonds〉가 배경음악처럼 흘러나왔다. 이때 발견한 화석의 정식 명칭은 'AL288-1'이지만, 흘러나오던 배경음악의 제목을 따서 '루시'라는 닉네임으로 불리기 시작했다.

## 작은 몸집의 여성 화석

화석의 주인은 20~30세 정도의 나이에 키는 105센티미터인 자그마한 체격의 '여성'이었다. 뇌의 크기는 400밀리리터로 침팬지보다 약간 큰 수준이었다.

뼈의 구조상 현대인처럼 직립보행했을 가능성이 매우 높았다. 우리 인간의 발을 자세히 들여다보면 뒤꿈치가 발달해 있고, 땅에 닿지 않는 '발아치'라는 부분이 있다. 원숭이의 친척 동물과 아르디피테쿠스 라미두스 원인에게서도 나타나지 않던 발아치가 루시의 발에서는 뚜렷이 보였다. 아치 형태의 발바닥은 뒤꿈치부터 발가락 끝까지 체중이 골고루 실려서 먼 거리를 걸어도 발이 쉽사리 피로해지지 않는다. 루시는 골반 넓이도 현대인과 거의 비슷했다. 골반은 상반신의 내장 기관뿐만 아니라, 특히 여

# 루시

키 105센티미터의 작은 몸집. 골반이 크고 가슴을 둘러싼 뼈가 아래로 넓게 퍼져서 굴곡 없는 통짜 몸매를 하고 있다.

성에게는 임신했을 때 태아를 받쳐주는 중요한 신체 부위다. 그래서 직립보행을 하는 인간의 골반은 오목한 그릇 모양처럼 생긴 것이 특징이다. 루시의 흉곽(가슴 부위를 감싸고 있는 뼈)은 끝으로 갈수록 넓어지는 형태였다. 긴 원통형에 허리선이 잘록하게 들어가는 현대인의 모습과는 다소 차이가 나는 부분이다.

루시는 레이먼드 다트Raymond Arthur Dart가 발견한 오스트랄로피테쿠스 아프리카누스Australopithecus africanus보다 더 오래된 인류로, 오스트랄로피테쿠스 아파렌시스Australopithecus afarensis로 분류한다.

일본 우에노 국립과학박물관에는 오스트랄로피테쿠스 아파렌시스를 대표하여 루시의 신체를 복원한 모형이 전시되어 있다. 자신을 보러온 관람객의 모습에 너무 놀라 오른손으로 사람들을 가리키며 금방이라도 울음을 터트릴 것만 같은 루시의 모습이 인상적이다.


## 우리 안의 오스트랄로피테쿠스

'맨발의 교수'로 잘 알려진 하버드대학교의 인류사 연구자 다니엘 리버먼Daniel E. Lieberman은 자신의 책《우리 몸 연대기The Story of the Human Body》에서 이런 질문을 했다.

"오늘날 우리가 오스트랄로피테쿠스에 대해 생각해봐야 하는 이유는 무엇일까? 직립보행을 하는 동물이라는 공통점을 제외하면 그들과 우리는 전혀 다른 차원의 존재인 것처럼 느껴진다. 이미 수백만 년 전에 멸종해버린 조상으로 침팬지보다 약간 큰 뇌 용량에 말도 안 되게 딱딱하고 먹기도 힘든, 우리라면 입에 대지도 않았을 맛없는 식재료나 매일같이 구하러 다니던 그들이 대체 지금의 우리와 어떻게 이어져 있다는 말인가?"

리버먼 교수는 책에서 이런 답을 제안했다. 우선 오스트랄로피테쿠스는 인간의 진화 과정에서 중요한 중간 단계 역할을 하는 존재였다는 것이다.

그리고 이어서 이렇게 설명한다. "나와 당신을 비롯한 우리 인간의 몸에는 수많은 오스트랄로피테쿠스가 살고 있다." 인류 역사상 수백만 년에 걸쳐 다양한 모습으로의 진화가 시도되었고, 그 가운데 여러 종의 오스트랄로피테쿠스가 등장했다. 그리고 그 시도의 흔적은 지금 우리 몸 곳곳에 남았다.

침팬지보다 훨씬 크고 두툼한 어금니와 나뭇가지를 움켜쥐기에는 적절하지 않은 짧고 두꺼운 엄지발가락, 길고 유연한 등허리(척추 아래쪽의 허리 주변), 아치 모양의 발바닥과 잘록한 허리선, 큼지막한 무릎까지…. 리버먼 교수는 이 모든 특징이 한데 모여 인간을 뛰어난 장거리 보행자로 만들었다고 주장한다. 이러한 특징을 다른 동물들과 비교해보면 흔치 않은 구조임을 알 수 있다. 기후 변화로 주식이었던 나무 열매의 수가 줄어들자 땅에 묻힌 식물의 줄기와 뿌리 등의 저장 기관을 캐 먹으며 살아남아 끝내는 직립보행에 적응한 결과물이었다.

그렇다고 해서 우리가 오스트랄로피테쿠스는 아니다. 루시나 그녀의 친척들에 비하면 우리는 뇌가 3배 이상 커졌고 다리는 훨씬 길고 팔은 짧아졌다. 또 콧등이 앞으로 쑥 빠져나와 주둥이처럼 튀어나와 있지도 않다. 무엇보다 고기처럼 질 좋은 식재료를 이용해 맛있는 음식을 만들어 먹을 수 있고, 유용한 도구들과 언어·문화의 혜택을 누리며 살고 있다. 이처럼 축복받은 환경에서 살 수 있게 된 계기는 빙하시대의 도래와도 관련이 깊다.

우리 조상은 냉혹한 자연환경과 맞서 싸우며 손과 발로 지혜롭게 도구를 만들어 환경 변화에 민첩하게 적응해나갔다. 이러한 과정을 통해 살아남은 최초 원인原人들의 흔적도 오늘날 우리 몸에 유산처럼 새겨져 있다. 그렇지만 인간의 신체는 여전히 직립보행에 완벽하게 적응하지 못한듯하다. 오랜 시간 걷거나 서 있는 자세를 힘들어하는 동물은 인간이 유일하다. 위 처짐증(위 처짐의 증상을 나타내는 병-옮긴이)이나 빈혈이나 허리 통증과 같은 증상들은 직립보행을 하는 인간에게서만 나타나는 특수한 질병

이다. 두 발로 걷게 되면서 많은 것을 얻었지만 그만큼 풀어야 할
숙제도 여전히 남아 있다.

# 문진으로 쓰인 '잃어버린 고리'

## 잃어버린 고리를 찾아서

"개체발생은 계통발생의 단축된 급속한 반복이다(개체발생은 계통발생을 반복한다)." 독일의 동물학자인 에른스트 헤켈<sub>Ernst Haeckel</sub>(1834~1919)은 반복설을 주장했다. 한 예로 태아의 발육(개체발생) 과정을 살펴보면, 초기 단계에는 상어 등 어류들이 가진 아가미와 비슷한 '아가미구멍'을 볼 수 있다. 이 단계를 거치고 나면 동물의 사지에 해당하는 팔과 다리가 나오는데, 처음에는 물고기의 지느러미와 유사한 모양으로 자라다가 점차 파충류의 다리와 같은 모양으로 바뀌어간다. 또한 6개월 정도까지는 태아의 손바닥과 발바닥을 제외한 다른 신체 부위가 긴 털로 덮여 있다. 반복설이 완벽하게 성립한다고는 할 수 없지만, 일부 일치하는 현상도 확인할 수 있다. 헤켈은 19세기 말에 원숭이와 인간 사이를 이어주는 존재를 '잃어버린 고리Missing link'라고 생각했다.

'잃어버린 고리'란 생물의 계통을 사슬의 고리에 비유하여 그 사이의 빠진 부분, 즉 아직 발견되지 않은 생물을 가리킨다. 헤켈은 이 발견되지 않은 생명체에게 피테칸트로푸스Pithecanthropus(그리스어로 '원숭이'와 '인간'을 합성한 단어로 원인猿人을 의미)라는 이름을 붙였다. 말하자면, 피테칸트로푸스라는 명칭은 헤켈이 언젠가 찾게 될 인류의 조상에게 미리 지어준 이름이었다. 그 후로 헤켈은 예언한 잃어버린 고리를 찾기 위한 수많은 도전을 했다.


## 명칭의 변천사


이러한 시도 끝에 발견된 것이 '자바원인原人'이다. 사람들은 자바원인에게 '곧게 선 원인猿人'이란 뜻의 피테칸트로푸스 에렉투스Pithecanthropus erectus라는 학명을 붙였다. 당시에는 원숭이에 더 가까운 원인猿人과 인간에 더 가까운 원인原人이 같은 뜻이었다. 그러

호모 에렉투스(자바원인)

나 1945년부터 오스트랄로피테쿠스는 원인猿人으로, 피테칸트로 푸스 에렉투스와 베이징원인은 원인原人으로, 각각 진화의 단계를 나누어 생각했다. 또한 원인原人에 대한 연구가 진행될수록 명백 한 인류의 일원이라는 사실이 증명되면서 원숭이와 인간의 중간 단계인 피테칸트로푸스 에렉투스라는 명칭을 버리고, 사람속屬의 일원으로 당당히 호모 에렉투스Homo erectus(직립원인原人)라는 이름 을 얻게 되었다.

지금은 원인原人의 전 단계를 원인猿人, 그보다 더 전 단계를 초기 원인이라고 정의하지만, 19세기 말이었던 당시는 자바원인의 두 개골을 인류가 아닌 유인원의 것이라며 논쟁을 삼던 때였다.

## 간과해버린 대발견

　이러한 상황에서 1924년 남아프리카공화국 요하네스버그의 비트바테르스란트대학교 해부학 교수인 레이먼드 다트 앞으로 화석이 담긴 상자 하나가 배달되었다. 칼라하리사막 근처에 있는 타웅Taung의 석회석 채석장에서 출토된 화석이었다. 크기는 작지만 얼굴과 아래턱의 형태가 그대로 남아 있는 어린아이의 머리뼈와 풍화로 만들어진 두개골 화석 거푸집이었다.

　그 무렵 다트 교수는 본국인 영국에서 의대 연구원으로 일하고 있었다. 머지않아 그는 변방의 땅인 남아프리카 대학의 해부학 교수로 임명되면서 자리를 옮기게 되었다. 내심 실망스러웠지만 그는 계속해서 의학 교육에 매진했다. 한번은 교육의 일환으로 학생들에게 영장류 화석을 수집하는 과제를 내주었다. 해부학 수업을 듣던 한 여학생이 개코원숭이의 머리뼈를 가지고 다니는 모습을 보면서 다트 교수는 화석에 흥미를 느꼈다. 이에 개코원숭이의 뼈가 출토된 현장을 관리하던 채굴회사에 연락하여 "화석이 발견되면 내게 보내 달라"는 부탁을 해둔 상태였다.

　그렇게 자신에게 배달된 화석을 분석한 다트 교수는 이 화석이야말로 이미 알려진 자바원인이나 베이징원인 등의 원인原人보다 더 이른 시기의 인류 화석, 즉 인간과 유인원을 연결하는 '잃

오스트랄로피테쿠스 아프리카누스의 머리뼈 화석

어버린 고리'가 분명하다고 확신했다. 추정연대는 200만 년 전으로 '아프리카의 남쪽 원숭이'라는 뜻을 담아 오스트랄로피테쿠스 아프리카누스라는 학명을 붙여 1925년 〈네이처Nature〉지에 자신의 연구 결과를 발표했다.

'아프리카의 남쪽 원숭이'라는 학명에는 숨겨진 사연이 있었다. 영국의 식민지인 변방의 남아프리카가 인류 발상의 근원지로 인정받기를 바라는 기대감을 담은 이름이었던 것이다. 하지만 당시 학계의 권위 있는 학자들은 다트 교수의 주장을 아마추어의 가설에 지나지 않는다며 무시했다. 자신들에게 협조도 구하지 않은 채 독자적으로 두개골 분석을 진행한 다트 교수의 연구 태도를 괘씸하게 여겼던 것이다. 더욱이 그리스어와 라틴어를 섞은 오스트랄로피테쿠스라는 명칭도 마음에 들어 하지 않았다.

## 귀중한 자료로 인정받은 두개골

가장 큰 문제는 당시 학계에서 인정받던 정설과 다트 교수의 주장이 전혀 맞지 않는다는 것이었다. 당시는 1500만 년 전에 아시아에서 인간과 유인원이 갈라져 나왔다는 견해가 학계의 정설이었다. 학계는 다트 교수가 발견한 두개골을 끝내 유인원의 것으로 결론 내렸고, 그 두개골은 그렇게 몇 년 동안이나 다트 교수 동료의 책상 위에서 문진으로 쓰이는 처지가 되었다. 그 후, 1930년대 후반부터 1940년대 초반까지 남아프리카의 의사 겸 고생물학자인 로버트 브룸Robert Broom이 오스트랄로피테쿠스 아프리카누스의 화석을 차례로 발굴해냈다.

1947년에는 브룸 조사단이 완전한 머리뼈를 발견하는 데 성공한다. 이 발견으로 다트 교수의 머리뼈 화석이 재조명되었고, 오스트랄로피테쿠스 아프리카누스의 화석으로 판명나면서 인류의 화석임이 밝혀졌다. 다트 교수가 분석한 두개골은 현재 인류학자들 사이에서 보물과도 같은 귀중한 자료로 인정받고 있다.

## 수상한 화석

1956년 2월 일본에서 출간된 《지구과학 교육 강좌, 지구의 형태와 크기 · 내부 구조 · 인간의 조상》을 보면 '원인原人'의 하나로 '필트다운인Piltdown man'이 등장한다.

이 화석 인류는 영국 서식스주의 필트다운Piltdown이라는 마을의 플라이스토세(신생대 제사기의 첫 시기) 초기 전반부 지층에서 출토되었다. '인류의 여명'이라는 뜻을 담아 에오안트로푸스 도스니Eoanthropus

필트다운인의 머리뼈 모형

dawsoni라는 학명이 붙여졌고, 일명 '서인曙人'으로 불렸다. 머리와 아래 턱이 발견되었는데 두꺼운 머리뼈와 돌출되지 않은 눈썹 뼈는 현대인의 모습에 가까웠지만, 아래턱은 턱끝이 전혀 발달하지 않아 유인원과 비슷한 모습을 하고 있었다. 그러나 최근 연구 결과에 따르면 발굴된 아래턱뼈는 오랑우탄의 아래턱과 침팬지의 송곳니로 표본에 조작이 가해졌다고 한다. 그렇게 필트다운인에 대한 연구는 미궁에 빠지고 말았다.

이 화석은 1911년 찰스 도슨Charles Dawson이 자신이 '발견'했다고 주장한 것이었다. 하지만 그로부터 오랜 세월이 지난 1953년에야 아래턱뼈는 오랑우탄, 머리덮개뼈는 현생인류의 것으로 밝혀졌다. 게다가 오래된 유골처럼 보이게 하려고 일부러 염색까지 한 정황도 드러났다. 대체 이런 사기극이 벌어진 이유는 무엇일까? 지금부터 필트다운인의 뼈에 얽힌 수수께끼를 풀어나가 보자.

1856년에 네안데르탈인의 화석이 발견된 이래로 대다수 학자는 인류와 유인원이 공통의 조상에서 갈라져 나왔다는 진화론에 기반하여, 현재의 인류와 유인원 그리고 공통의 조상을 이어주는 '원인(猿人 또는 原人)'이 존재하리라 예측했다. 그때는 원인猿人과 원인原人을 구분하지 않던 시절이었다.

하지만 그 존재를 증명할 만한 화석이 좀처럼 발견되지 않았다. 사람들은 진화 과정 가운데 완벽하게 규명되지 않은 이 시기를 가리켜 '잃어버린 고리'라고 부르면서, 특히 영국의 고생물학자들은 조국인 영국 본토에서 잃어버린 고리를 설명할 화석이 발견되기를 간절히 바라고 있었다.


## 파문을 일으킨 발견


1908년 런던에서 남쪽으로 60킬로미터가량 떨어진 서식스주의 필트다운에 있는 자갈 채석장에서 한 인부가 두 점의 두개골

유골을 발견한 사람들과 필트다운인의 머리뼈

(머리덮개뼈) 조각을 발견했다. 이 두개골 조각을 건네받은 사람이 바로 찰스 도슨이었다. 당시 그는 변호사이자 아마추어 고고학자로 활동하고 있었다. 도슨은 이 화석에 대한 조사를 이어갔고, 1912년에 화석 조각 몇 개를 추려서 대영박물관 지질학 분야 책임자인 아서 스미스 우드워드Arthur Smith Woodward를 찾았다. 도슨이 가져온 두개골은 기존의 네안데르탈인이나 자바원인에 비해 크기가 더 컸다. 이를 토대로 관계자들은 현대인의 직계 조상을 발견했다고 공식 발표했다. 필트다운인이라는 이름이 붙은 이 화석은 학계 안팎의 모든 사람을 열광하게 만들었다.

그러나 시간이 흘러 베이징원인 등의 머리뼈 연구가 성과를 내기 시작하자 인류 진화의 역사에서 필트다운인을 어디에 분류해야 좋을지 문제가 되었다. 현대인 수준으로 뇌가 커지려면 훨씬 후대로 거슬러 내려와야만 했기 때문이다. 그런데 필트다운인만 예외적인 취급을 받는 이상한 상황이 벌어지고 말았다. 결국 재검증이 이루어졌고 1953년에 문제의 화석에 대한 전말이 드러났다. 현생인류의 두개골과 오랑우탄의 아래턱뼈를 짜깁기하여 그 위에 색깔까지 입힌 위조 화석이라고 드러난 것이다.

## 누가, 왜 저지른 일인가?

범인은 누구고, 대체 왜 이러한 조작을 한 것일까? 그 이유는 아직도 밝혀내지 못했다.

학계의 거물급 인사들을 납득시킬 정도의 날조를 하려면 치밀한 준비가 필요하다. 지질학을 비롯해 고생물학, 해부학의 전문 지식까지 두루 갖춰야만 그럴싸한 조작이 가능하다. 몇 명의 인물이 용의선상에 올랐다. 제일 먼저 화석을 건네받은 찰스 도슨과 고생물학자인 마틴 힌턴Martin A.C. Hinton, 여기에 그 유명한 셜록 홈즈의 창시자인 코난 도일Arthur Conan Doyle까지 용의자 중 하나로 지목받았다. 본업이 의사인 코난 도일은 해박한 의학 지식을 갖추고 있었을 뿐만 아니라, 필트다운 지역에 관해서도 많은 정보를 가지고 있었다. 학계에서의 인맥도 상당했다. 범행 동기로는, 그가 평소에 심취해 있던 심령주의를 비판적으로 바라보는 세간의 시선에 대한 증오심 때문이라는 소문이 돌았다.

이 사건을 꾸준히 파헤쳐온 킹스 칼리지 런던의 브라이언 가디너Brian Gardiner 교수는 두개골의 염색 방식이나 당시의 인간관계 및 금전 문제(우드워드에 대한 원한) 등을 들어 고생물학자인 마틴 힌턴을 의심했다. 가디너 교수는 결정적 증거로 필트다운인의 유골을 염색한 부분(오랑우탄의 아래턱뼈는 제외)에서 다량의 철과 망가니즈 그리고 소량의 크로뮴이 검출된 점을 지적했다. 이 증거가 힌턴이 자신의 지식을 토대로 만든 그만의 염색 방식이라는 사실을 보여준다고 주장했다. 사건 당시 대영박물관에 있었던 동물학자 마틴 힌턴을 진범으로 보는 가디너 교수의 가설은 1996년 5월 23일자 〈네이처〉에도 실렸다.

하지만 마틴 힌턴이 진범인지 우리는 알 수 없다. 이 주장 역시 어디까지나 하나의 가설에 지나지 않는다. 필트다운인 화석이 날조라고 밝혀진 1953년을 전후로 사건의 관계자들이 하나둘씩 세상을 떠나면서 사기극의 진상은 여전히 베일에 가려져 있다.

## 리키의 천사들

### 초원으로 나아간 원인猿人

　지금으로부터 약 400만 년 전 원인猿人들은 아프리카의 초원으로 생활 터전을 옮긴다. 하지만 초원이 서서히 메말라가면서 초원에서의 삶은 갈수록 힘들어졌다. 이때 두 종류의 인류 집단이 각자의 방식으로 냉엄한 환경에 맞춰 적응해나가기 시작했다. 한 집단은 원인猿人으로, 250만~120만 년 전에 살던 '강건형强健型' 원인과 '연약형軟弱型' 원인이 있다. 여기서 '강건하다'는 뜻은 연약한 체구와 작은 어금니가 특징인 연약형 원인에 비해 상대적으로

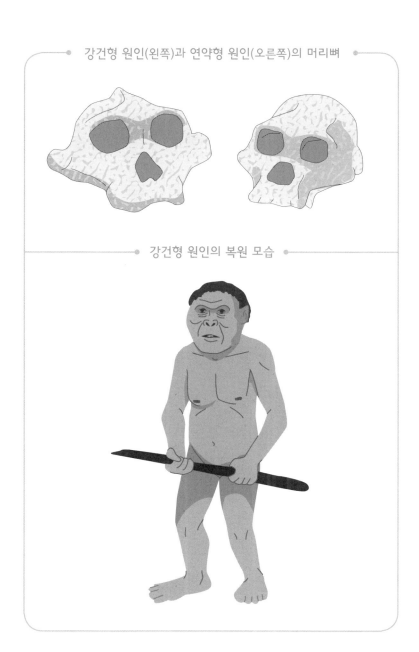

강건형 원인(왼쪽)과 연약형 원인(오른쪽)의 머리뼈

강건형 원인의 복원 모습

체구가 크고 이가 크며 튼튼하다는 의미다. 오스트랄로피테쿠스 아파렌시스와 오스트랄로피테쿠스 아프리카누스는 연약형 원인에 속한다.

파란트로푸스 보이세이Paranthropus boisei 같은 강건형 원인은 딱딱하게 마른 콩과 풀뿌리를 잘게 부숴 씹어 먹기 위한 커다란 소구치와 대구치를 가지고 있었다. 몸집은 침팬지와 비슷했지만 얼굴 크기는 고릴라 수준이었다. 먹이를 씹는 면적은 현대인의 2배였고, 씹는 힘도 고릴라와 비슷했다. 그러나 그들은 턱과 이를 발달시키느라 뇌 용적을 늘리지 못했다. 그로 인해 급격히 메말라가는 초원의 변화를 이겨낼 만한 기술을 발전시키지 못했고, 결국 가혹한 외부의 압박 속에서 멸종의 길로 들어섰다. 그나마 연약형 원인보다 100만 년 이상 더 지속되었으니, 연약형 원인과 비교하면 오래 버틴 셈이다.

나머지 한 집단은 230만~170만 년 전에 살던 초기 단계의 원인原人인 호모 하빌리스Homo habilis다. 호모 하빌리스는 '손재주가 좋은 사람'이라는 뜻으로, 석기를 만들어 사용한 데서 유래한 이름이다. 뇌 용적은 이전보다 더욱 커졌다. 원인猿人의 뇌 용적이 450~500밀리리터였던 데 비해 600~800밀리리터로 용량이 좀더 늘었다. 호모 하빌리스는 연약형 원인에서 진화한 후손 인류로 추정된다. 강한 턱과 치아 대신 두뇌를 사용하여 지적 능력을 발달시킨 무리가 환경 적응에 성공한 셈이었다. 엄지손가락이 현대인과 비슷한 모습으로 발달했기 때문에 다른 손가락의 도움을 받아서 사물을 꽉 움켜쥘 수 있었다. 석기를 활용하여 동물의 시체에서 다양한 종류의 부드러운 고기들을 손쉽게 구할 수 있었던 것으로 보인다. 한편 오스트랄로피테쿠스 아파렌시스와 같은 연약형 원인들과 비교하면 턱과 이의 크기는 작아졌다.

이와 같은 일련의 연구 성과는 영국계 케냐인이었던 '리키 일가'의 노력으로 세상에 알려지게 되었다. 리키 일가는 오랜 기간 인류 화석의 발굴에 큰 공로를 세운 가문이다. 루이스 리키Louis Leakey(1903~1972)와 함께 그의 두 번째 부인인 메리 리키Mary Leakey(1913~1996)가 일생을 바쳤다. 여기에 리키 부부의 아들인 리처드 리키Richard Leakey(1944~ )와 리처드의 두 번째 부인인 미브, 이 둘의 딸 루이즈까지 3대에 걸쳐 인류 진화 연구에 큰 업적을 남겼다.


## 라에톨리의 발자국 화석

초기 인류가 직립보행을 했음을 보여주는 가장 확실한 증거는 아마도 땅 위에 남겨진 발자국일 것이다. 그 발자국이 동아프리카 탄자니아의 라에톨리Laetoli에 남아 있다. 화산이 폭발한 직후

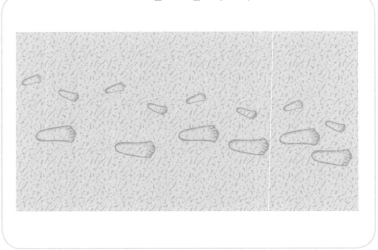

화산재로 뒤덮인 길을 3명의 인류가 걸어간 흔적이었다. 이들이 밟고 지나간 자리의 화산재가 딱딱하게 굳으면서 23미터가량 이어지는 발자국이 새겨졌다. 발자국이 찍힌 화산재의 방사성 연대 측정 결과, 360만 년 전의 것으로 확인되었다.

2명이 앞에서 나란히 걸었고 그 뒤를 나머지 한 명이 따라 걷고 있었다. 앞선 2명 중에서 큰 발자국의 주인공은 키가 140센티미터 정도로 추정되었다. 이 둘이 어떤 관계였는지는 알 수 없다. 암컷과 수컷의 부부 한 쌍이었을 수도, 어미와 새끼의 발자국일 수도 있다. 발자국의 가장 유력한 주인공으로는 오스트랄로피테쿠스 아파렌시스가 지목되고 있다. 뉴욕 자연사박물관에 이 발자국의 주인공들을 복원한 모형이 전시되어 있다. 오스트랄로피테쿠스 아파렌시스를 모델로 재현한 암수 한 쌍의 모형이다. 침팬지 정도의 키에 온몸이 털로 뒤덮였지만, 움직임이나 걸음걸이는 인간을 떠올리게 한다. 마치 수컷이 암컷을 보호하듯 팔로 어깨를 감싼 모습이다. 우에노 국립과학박물관에는 수컷이 새끼의 손을 잡고 이끄는 설정이다. 여기서는 부자의 뒤를 임신 중인 암컷이 함께 따라서 걷고 있다.

두 설정 중 어느 쪽이 진실일까? 물론 양쪽 모두 틀렸을 수도 있다. 누구도 본 적 없는 그들의 모습은 우리의 상상에 맡겨야 할 것 같다.


## 두 사람이 함께 완성한 발굴 조사

라에톨리 발자국 화석은 1978년 루이스 리키의 아내 메리 리키가 발견했다. 루이스 리키는 1903년 기독교 포교를 위해 케냐로 건너간 선교사 부부 사이에서 태어났다. 케임브리지대학교를 졸업한 그는 척추동물의 화석을 찾기 위해 케냐와 탄자니아 지역에서 본격적인 조사 작업에 착수했다. 그리고 그곳에서 영국인 고고학자 메리를 만나 결혼했다. 부부는 함께 발굴 조사를 진행했고, 1920년대 말 무렵부터 케냐에서 수많은 석기 유물을 발굴했다. 그러다 두 사람은 탄자니아의 올두바이 협곡에 주목했다. 이 계곡은 지난 수백만 년 동안 쌓인 지층이 거의 완벽하게 보존되어 있던 곳이었다.

1959년 아내 메리가 올두바이 협곡에서 머리뼈 화석을 발견한다. 인류보다는 유인원에 더 가까운 고릴라의 것으로 추정되는 머리뼈였다. 당시 루이스는 건강상의 이유로 조사 작업을 쉬고 있었다. 메리는 머리뼈 화석의 발견 소식을 즉시 루이스에게 전했다. 이 소식을 들은 루이스는 좋지 않은 건강에도 불구하고 아내와 함께 화석 발굴 작업에 몰두했다. 이때 발견한 화석이 바로 오늘날 강건형 원인으로 잘 알려진 파란트로푸스 보이세이다.

강건형 원인 발견 직후 1960년에 루이스 부부는 같은 장소인 올두바이 협곡에서 인간의 특징을 지닌 아래턱과 손뼈의 흔적이 남아 있는 화석을 발견했다. 이전의 화석과는 또 다른 종의 화석이었다. 발굴 작업을 마친 루이스 부부는 1964년 이 화석에 호모 하빌리스라는 이름을 붙여 세상에 발표했다. 당시 사람들은 이 화석을 그토록 찾아 헤매던 인류의 직계 조상이라고 생각했다. 하지만 연구가 진행되면서 현재 호모 하빌리스는 고립된 종이라는 의견이 지배적이다.

## '리키의 천사들' 결성!

루이스 리키는 '최초의 인간'을 보다 정확하게 이해하려면 유인원 연구가 꼭 필요하다고 생각했다. 이에 3명의 여성 연구자들을 모아 '리키의 천사들Leakey's Angels'을 결성했다. 침팬지를 연구하는 제인 구달Jane Goodall, 고릴라를 연구하는 다이앤 포시Dian Fossey 그리고 오랑우탄을 연구하는 비루테 갈디카스Birute Galdikas로 이루어진 팀이었다.

이 세 사람에게는 놀라운 공통점이 있었다. 리키가 이들을 발탁할 당시만 해도 구달은 비서로, 포시는 작업치료사로 일하던 중이었다. 갈디카스는 대학원생이었지만 인류학을 전공해서 생물을 대상으로 하는 야외 연구 경험은 전혀 없던 상태였다. 한마디로 유인원 연구에 관한 한 완벽한 아마추어 모임이었던 셈이었다.

이러한 약점을 극복하고 이 셋은 모두 훗날 뛰어난 연구 성과를 올린다. 대표적으로 구달은 침팬지의 도구 사용 능력을 밝혀냈다. 기다란 식물의 줄기를 개미굴 속에 찔러 넣어 줄기를 타고 올라온 흰개미를 잡아먹는 침팬지의 모습을 직접 확인했다. 나아가 침팬지는 초식이 아닌 잡식성 동물이며 새끼를 죽이고 동족을 잡아먹기도 한다는 사실을 증명해냈다.

## 현대인을 쏙 빼닮은
## 소년 원인原人

## 복원된 투르카나 소년

리키 일가의 한 사람이었던 리처드 리키는 케냐의 투르카나 호수 근처 협곡을 비행기로 돌아보며 그곳이 예상보다 훨씬 주목해야 할 장소임을 알아차렸다. 곧장 리처드 리키 조사단이 파견되지만 아쉽게도 첫 조사에서는 아무런 성과도 올리지 못했다. 어느 더운 여름의 오후였다. 조사단원 중 한 명이자 그 지역의 유명한 화석 사냥꾼 카모야 키메우Kamoya Kimeu가 호수에서 멀리 떨어진 기슭에서 안와상융기(눈구멍 위쪽에 있는 이마뼈의 일부가 형성

검은 피부에 몸에는 털이 거의 없으며 머리카락의 숱은 많지만, 눈썹은 매우 연하다.
팔보다 다리가 훨씬 길어서 현대인과 매우 흡사한 모습이다.

하는 수평 방향의 융기-옮긴이)가 발달한 뼈 일부를 발견했다. 조사단은 키메우의 직감을 믿고 뼛조각이 발견된 기슭 일대를 계속해서 발굴해나갔다. 그리고 놀랍게도 전신의 절반 분량의 골격을 찾아내는 데 성공했다. 뼈의 주인은 9~12세쯤 되는, 약 160만 년 전에 살던 소년이었다. 240만 년 전의 원인猿人으로부터 진화한 호모 에렉투스였다.

키는 160센티미터 정도로 나이에 비하면 상당히 큰 편이었다. 완전히 성장한 경우, 180센티미터 이상 자라지 않았을까 예상되었다. 사람들은 이 화석을 '투르카나 소년'이라고 불렀다. 투르카나 소년의 발견으로 호모 에렉투스가 현대인과 비슷한 모습을 하고 있었다는 사실이 입증되었다.

팔보다 다리가 더 길고, 치아도 퇴화해서 침팬지 같은 느낌이 전혀 없었다. 깊은 숲과 산을 완전히 떠난 이들은 나무 위 생활이 아닌 넓은 초원을 효율적으로 이동할 수 있는 신체 구조로 진화했다. 뇌 용적은 890밀리리터로, 성장이 끝났다면 900밀리리터를 조금 넘었을 것으로 추정된다.

현재 투르카나 소년의 전신을 복원한 모형이 우에노 국립과학박물관에 전시되어 있다. 검은 피부에 몸에는 털이 거의 없으며 머리카락의 숱은 많지만, 눈썹은 매우 연하다. 침팬지와 달리 코끝이나 콧방울이 상당히 발달했다. 눈에는 흰자위가 보이고 입술은 두툼하게 말려 있다. 자외선이 강한 지역이었던 만큼 진한 피부색으로 표현되었다. 뜨거운 한낮에도 활동하기 위해서는 전신의 땀샘에서 수분을 증발시켜 체온을 낮춰야 하므로 몸에는 털이 거의 없다. 안와상융기가 발달해서 땀이 눈으로 흘러들 염려가 없어 눈썹은 연하게 흔적만 남아 있다. 침팬지처럼 돌출된 얼굴이 아닌 콧대가 잘 발달된 얼굴이다.

# '별에서 온 인간'과 난쟁이 원인原人

## 깊은 동굴에서 찾아낸 수많은 인류 화석

　호모 하빌리스와 호모 루돌펜시스Homo rudolfensis, 호모 에렉투스 등의 호모속은 지금으로부터 300~200만 년 전에 동아프리카에서 탄생했다고 보는 견해가 정설이다. 그런데 2013년 남아프리카 지역에서 어깨와 허리, 몸통은 초기 인류의 특징을 보이지만 하체는 신인과 구인의 특징을 더해놓은 듯한 현대적인 모습의 골격 화석이 발견되었다. 발견 장소는 남아프리카공화국 요하네스버그에서 북서쪽으로 약 50킬로미터가량 떨어진 동굴 '라이징

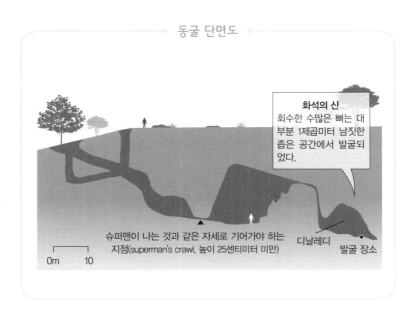

동굴 단면도

화석의 산
회수한 수많은 뼈는 대부분 1제곱미터 남짓한 좁은 공간에서 발굴되었다.

슈퍼맨이 나는 것과 같은 자세로 기어가야 하는 지점(superman's crawl, 높이 25센티미터 미만)

디날레디

발굴 장소

0m  10

스타Rising Star'였다. 입구에서 100미터 정도 안으로 들어가면 좁고 깊게 파인 구멍이 나오는데, 그 끝에 위치한 작은 공간에서 엄청난 양의 유골 화석이 발굴되었다. 수많은 뼈가 묻혀 있던 이 작은 공간을 사람들은 별들의 방, '디날레디Dinaledi'라고 불렀다. 회수된 뼈만 해도 무려 1550점으로, 최소 15명에게서 나온 것으로 추정되었다. 완벽한 모습을 복원할 수 있을 정도의 어마어마한 양이었다.

조사팀을 이끄는 남아프리카 비트바테르스란트대학교의 고인류학자인 리 버거Lee Rogers Berger 박사는 2015년 9월 10일 기자회

호모 날레디

견을 열어 새로운 인류 화석의 발견을 공식 발표했다. 그 지역 언어인 소토어sotho로 '날레디'는 '별'을 뜻했는데, 화석이 발견된 동굴의 이름을 본떠 화석에 '호모 날레디(별에서 온 사람)'라는 이름을 붙였다. 호모 날레디의 뇌 크기는 550밀리리터로 원인猿人보다 조금 더 큰 수준이었다. 조사단은 원인猿人에서 호모속으로 넘어가는 중간 단계의 인류일 가능성이 높다고 설명했다. 나아가 약간 휜 손가락뼈나 가슴 부위의 골격에서 400~200만 년 전에 살던 원인猿人과의 유사점을 발견했다고도 덧붙였다.

버거 박사팀은 원인猿人과 비슷한 상체와 현생인류와 비슷한 하체의 특징을 근거로, 이 화석이 호모속이지만 원인原人과는 다른 독특한 새로운 인류 화석이라고 주장했다. 그런데 이 주장에는 한 가지 문제가 있었다. 어느 시대의 화석인지 연대 측정이 이루어지지 않았던 것이다. 버거 박사의 조사팀에 있던 연구자들은 연대 측정 전에 발표 먼저 해도 좋을지 망설였다고 한다. 그러나 버거 박사는 기자회견을 강행했다. "연대는 두 번째 문제입니다. 이 발견은 앞으로 엄청난 파장을 몰고 올 거예요." 하루라도 빨리 발표해 인류학계의 주목을 받고 싶었던 버거 박사의 속내가 엿보이는 부분이다.


## 호모 날레디는 누구인가?

2015년 10월, 기사를 통해서 호모 날레디가 처음으로 소개되었다. 그림 해설과 사진 등이 상세하게 실린 〈내셔널 지오그래픽National Geographic〉 기사였다. 어느 시기의 화석인지 밝혀지지 않은 탓에 추측성 문구들이 눈에 띄었다. '루시보다 더 오랜 유골', '250~200만 년 전의 초기 호모속, 과연 타당한가?', '현생인류의 친척, 과거 100만 년 이내'와 같은 다양한 가능성이 제기되었다.

그리고 기사 마지막에 이렇게 언급했다. "언젠가는 지금까지 상식으로 여겨지던 인류 진화의 과정이 송두리째 흔들릴지도 모른다." 연대가 정확하게 나오지는 않은 이상 쉽게 동의할 수는 없다.

　개인적인 친분이 있는 과학 전문기자 미나이 마야薬袋摩耶가 2015년 12월 호 〈뉴턴Newton〉 지에 이런 기사를 썼다. '논란을 불러일으킨 초기 인류 호모 날레디'라는 제목의 기사로 원인猿人 연구 전문가인 도쿄대학교 종합연구박물관 스와 겐諏訪元 교수와 나눈 대담이었다. 스와 교수는 화제성만 노리고 섣불리 새로운 인류라고 결론 내리면 과학적으로 왜곡될 우려가 있다고 지적했다. 스와 교수는 대담에서 이렇게 말했다.

　"아프리카 대륙에서 구인 이전 시기의 인류 화석이 이처럼 대규모로 발견된 것은 처음 있는 일입니다. 원인原人의 유골 중에도 아직 발견되지 않은 부분이 많으니 좀 더 자세한 연구를 진행해 나가면 원인原人의 특징과 관련된 새로운 사실을 밝혀낼 수 있을 거라고 봅니다."

　스와 교수는 다음의 이유를 거론하며 새로운 종일 가능성은 매우 낮다고 버거 박사팀의 발표에 부정적인 입장을 취했다.

● 원인猿人과 비슷하다는 상체의 특징에 대해 "근거로 제시한 어깨뼈나 쇄골(빗장뼈), 갈비뼈 모두 단편적인 조각에 불과합니다. 겨우

이 정도의 뼈로 어깨나 가슴 부위의 골격이 원시적이라고 말해도 되는지 의문이 들어요." 또한 원인猿人에 가깝다는 손가락뼈의 굴곡 역시 단순히 손가락의 휜 모습만 가지고 판단하기에는 위험하다고 단호하게 말했다.

- 스와 교수는 화석과 관련하여 한 가지 가설도 제시했다. "이번에 발견된 유골 대부분이 원인原人에게는 아직 발견되지 않은 부분들입니다. 지금까지 드러나지 않았던 특징을 볼 수 있기는 하지만, 이번 유골은 어디까지나 원인原人의 한 집단일 가능성도 있습니다."

- 마지막으로 뇌의 크기에 관해서 이렇게 말했다. "현생인류도 그렇지만 원인原人들 사이에도 개체 간, 집단 간의 차이가 클 수 있어요. 이번에 발견된 유골은 뇌의 크기가 작은 집단 또는 작은 개체일지도 모르죠." 가장 핵심적인 연대 측정이 이루어지지 않았으므로 현재 이보다 더 발전된 추론을 하기는 힘들어 보인다.

(이상 기사 인용)


호모 날레디의 경우, 유골 및 발견 장소의 퇴적층을 대상으로 연대 측정을 시행하고 정확한 시기를 알아내는 것이 무엇보다 우선되어야 한다(현재는 연대 측정이 이루어진 상태다-감수자).

## 외딴섬에 살던 키 작은 사람

이 대목에서 생각나는 인류가 있다. 2004년에 발표된 '인류 진화의 정설을 뒤집을 난쟁이 원인原人'으로 화제를 모은 호모 플로레시엔시스Homo floresiensis라는 원인이다. '호빗'이라는 별명으로 더 유명한 플로레스 원인은 2만 년 전에 살았던 것으로 추정된다. 당시는 이미 호모 사피엔스가 주변 지역까지 진출했던 시기여서 플로레스 원인과 호모 사피엔스가 공존했을 가능성이 높다.

인도네시아 발리섬에서 동쪽으로 쭉 가다 보면 코모도왕도마뱀으로 유명한 코모도섬이 나온다. 그 섬에서 조금 더 동쪽으로 이동하면 플로레스섬이 있다. 바로 이곳에서 키 작은 인류의 화석이 발견되었다. 키는 1미터 정도에 불과했고 머리는 자몽만 한 크기로, 현대인의 3분의 1 정도의 아주 작은 크기였다. 이들은 상당히 수준 높은 석기를 사용했던 것으로 보인다. 일부 학자들은 이들의 몸집이 작아진 이유가 섬 왜소증island dwarfism 때문이라고 주장한다. 섬 왜소증이란 고립된 작은 섬의 한정된 자원 속에서 살아남기 위해 동물들의 체구가 작아지는 현상을 말한다.

그렇다면 호모 플로레시엔시스는 대체 어디에서 유래하였을까? 전문가들 사이에서도 의견이 분분하다. 이들의 조상을 두고 자바원인, 즉 호모 에렉투스라고 주장하는 견해와 호모 하빌리스라고 주장하는 견해가 팽팽하게 맞섰다. 그리고 마치 이러한 학계의 분위기를 보여주듯, 호모 플로레시엔시스에 관한 연구는 각자의 주장에 맞춰 별도의 연구가 이루어졌다.

대립이 계속되는 가운데 2015년 11월 19일 우에노 국립과학박물관이 호모 플로레시엔시스에 대한 연구 논문 한 편을 발표했다. 호모 플로레시엔시스의 치아에서 170~180센티미터 정도 크기였던 자바원인 또는 그와 가까운 친척 종에서 진화했음을 보여주는 증거를 발견했다는 내용이었다.

인류 진화에 있어서 뇌와 몸집이 작아지는 쪽으로 진화할 수 있다는 것을 입증한 흥미로운 연구 결과였다.

다양한 종류의
인류가 살고
있었구나!

# 사라진
# 베이징원인의 화석

## 호모속 그룹의 인류들

현생인류는 과거에 멸종해버린 몇몇 고대 인류와 더불어 호모속 그룹의 한 종에 속한다. 호모 하빌리스는 호모속 중에서도 가장 이른 시기에 출현한 원인原人이었다. 이들이 약 180만 년 전, 중·후기의 원인인 호모 에렉투스로 진화했다. 최근 호모 하빌리스의 분류 방식에 변화가 생겼다. 과거의 호모 하빌리스를 강건형과 연약형으로 나누어 전자는 호모 루돌펜시스, 후자는 호모 하빌리스로 분류했다.

자바원인과 베이징원인 모두 호모 에렉투스에 속한다. 자바원인은 호모 에렉투스 중에서 가장 먼저 세상에 알려졌다. 1981년 네덜란드 학자인 외젠 뒤부아Eugène Dubois가 자바원인의 화석을 최초로 발견했다. 이들은 약 900밀리리터 정도 크기의 뇌를 가지고 있었다. 조지아(옛 그루지야)의 드마니시Dmanisi에서도 175만 년 전에 살던 호모 에렉투스의 화석이 발견되었다. 터키와 국경을 마주하는 조지아는 아시아와 유럽을 이어주는 관문과도 같은 나라다.

일부 연구자들은 호모 에렉투스를 더욱 세분화하여 호모 에르가스터Homo ergaster라는 독자적인 종을 따로 분류하기도 한다. 250만 년 전에 아프리카에서 태어난 원인들은 180만 년 전부터 아프리카를 벗어나 유럽과 아시아 지역으로 흩어졌다.


## 베이징원인의 화석


과거 중국에서는 인간이나 포유류의 뼈 화석을 '용골龍骨'이라고 하여, 한방약재로 시중에서 판매했다. 베이징원인의 화석이 출토된 곳은 베이징에서 남서쪽으로 약 40킬로미터 정도 떨어진 저우커우뎬周口店이라는 지역이다. 수많은 포유동물의 화석과 함께 고인류의 어금니가 발견된 것을 계기로 1920년대부터 본격적으로 발굴 작업이 시작되었다. 그리고 저우커우덴의 한 동굴에서 베이징원인의 화석을 발견했다. 다수의 머리뼈를 포함하여 40여 명의 것으로 추정되는 화석이 묻힌 동굴 안에는 석기와 함께 불을 피운 흔적이 남아 있었다. 일부 학자들은 저우커우덴에서 발견된 불의 흔적과 관련하여 이견을 제시하고 있다. 하지만 그을린 뼈와 목탄, 타다 남은 재가 중국의 다른 유적지에서도 잇따라 발견되고 있어 원인原人이 불을 사용했다는 사실만은 확실하다. 이때 발견된 화석의 뇌 크기는 1000밀리리터 정도였다.

이 밖에 중국의 여러 지역에서 80~20만 년 전에 살던 것으로 보이는 호모 에렉투스의 화석도 발견되었다.


## 사라진 화석의 미스터리

1941년 12월 일본이 진주만을 기습하면서 태평양 전쟁이 발발했다. 전쟁이 일어난 다음 날이었다. 저우커우덴에서 발굴된 수많은 머리뼈와 40여 명분의 화석이 홀연히 사라졌다. 사라진 베이징원인의 화석은 여전히 그 행방이 묘연하다. 사라지기 전에는 줄곧 베이징셰허병원北京協和醫院의 금고 속에 보관되어 있었다. 화석 연구에 종사하던 인류학자인 프란츠 바이덴라이히Franz

Weidenreich는 화석을 미국으로 옮기자고 제안했다. 그는 당시 불안한 세계 정세 탓에 셰허병원이 더는 화석을 보관하기에 안전하지 않다고 판단했다. 두개골 5점, 머리뼈 조각 15점, 아래턱뼈 14점, 쇄골, 넙다리뼈(대퇴골), 상완골(어깨와 팔꿈치 사이에 있는 뼈) 그리고 송곳니까지 베이징원인의 화석 총 147점을 렌즈를 닦을 때 쓰는 극세사 천과 종이로 싸서 나무상자에 담아 곧장 중국주재 미국 대사관으로 옮겼다. 이후 화석은 감쪽같이 사라졌다.

화석 분실과 관련하여 다양한 주장이 제기되었다. 미국으로 향하던 도중에 일어난 '배 침몰설', 정체 모를 누군가가 가지고 있다는 '보관설'도 나왔다. 일부에서는 화석이 든 나무상자를 묻어 놓은 곳에 대형 건물이 들어서면서 찾지 못한다는 '발굴불가설'도 제기되었다.

여러 가설 중에서 보관설에는 잘 알려지지 않은 이야기가 있다. 1970년 베이징원인의 화석을 찾아다니던 과학자 크리스토프에게 한 통의 전화가 걸려왔다. 뉴욕에 사는 여성으로, 자신의 남편이 생전에 베이징원인의 화석을 가지고 있었다는 제보 전화였다. 그녀는 관련 사진을 보내주었고 하버드대학교의 모 교수에게 의뢰해 베이징원인의 화석이 분명하다는 확인까지 받았는데 갑작스레 여성과의 연락이 두절되었다. 그 후로 20여 년이 지난 1991년의 어느 날, 미국 해군 장교이자 역사학자였던 브론 앞으로 한 통의 편지가 배달된다. 베이징원인 화석의 분실 당시 관계자였던 폴리 박사가 보낸 편지였다. 화석을 가지고 있다던 그 여성과 다시 연락이 닿았다는 내용이었다. 그러나 이듬해인 1992년에 폴리 박사가 세상을 떠나면서 화석의 행방은 다시 미궁에 빠지고 말았다.

이처럼 사연 많은 베이징원인의 모습이 비교적 정확히 전해지게 된 것은 완벽에 가까운 복제품 덕분이었다. 당시 베이징셰허의과대학교(현 칭화대학교 베이징셰허의학원−옮긴이)에서 해부학 객원교수로 재직하던 프란츠 바이덴라이히가 분실 전에 자세한 연구 결과와 정교한 모형 표본을 남겨 두었던 것이다. 전쟁이 끝나고 저우커우뎬 동굴의 후속 발굴 작업이 진행되면서 베이징원인의 뼈와 치아의 화석이 추가로 발굴되어 오늘날의 베이징원인에 이르렀다.

# 네안데르탈인의 진짜 모습

## 독일에서 발견된 인골 화석

수십만 년 전에 출현한 네안데르탈인은 약 3만 년 전까지 서아시아와 유럽의 대륙을 누비며 생활했다. 호모 사피엔스(신인)가 약 4만 년 전에 유럽으로 이주했으니, 1만 년이라는 세월 동안 두 인류가 같은 지역에서 함께 살았던 셈이다. 네안데르탈인은 '초기 원인-원인猿人-원인原人-구인-신인'의 5단계 중에서 구인에 해당한다. 1856년 독일 뒤셀도르프 외곽 네안데르탈 계곡의 동굴에서 처음 화석이 발견되었고, 이 동굴의 이름을 따서 네안데르탈인이라고 불렀다. 1859년에 다윈의 《종의 기원》이 출간되자 독일에서 발견한 인골 화석뿐 아니라 전 세계 각지에서 화석 연구 붐이 일었다. 네안데르탈인의 체격은 현대인과 거의 비슷했다. 뇌 용량도 1500밀리리터 정도로 현대인과 큰 차이가 없었다.

하지만 현대인과 달리 머리뼈가 전체적으로 납작하고, 눈썹 뼈는 훨씬 돌출(안와상융기)되어 있었다. 뒤통수는 불룩하게 튀어나와서 현대인에 비해 좀 더 원시적인 느낌이었다. 네안데르탈인의 성격에 관해서도 여러 추측이 나오고 있다. 한때는 포악한 원시인이었다가 점잖은 신사로 변모하는 등 시대에 따라 평가가 극명하게 나뉘었다. 1909년에 발행된 영국의 어느 주간신문에 한 편의 그림이 실렸다. 온몸이 털로 뒤덮인 사나운 원시인으로 묘사된 네안데르탈인이었다.

## 뉴욕을 활보하는 네안데르탈인

그로부터 1년 뒤인 1910년 프랑스 고생물학자 마셀린 보울 Marcellin Boule이 네안데르탈인의 유골을 조사하여 그들의 생전 모습을 재구성했다. 휘어진 무릎에 구부정한 자세로 어기적거리며 걷는 모습이었다. 이 모습은 사람들에게 '네안데르탈인은 멍청하

네안데르탈인의 이미지 변화

다'는 고정관념을 심어주었다. 보울은 네안데르탈인을 침팬지에
가까운 존재라고 생각했다. 뇌 용량은 크지만, 안와상융기가 발
달해서다(눈썹 뼈가 그늘막처럼 튀어나왔다). 게다가 유골의 주인이
노인이었음을 감안하지 않고 노화로 인한 신체적 변화까지 네안
데르탈인의 기본 특성으로 오해했다.

　당시에는 아직 오스트랄로피테쿠스조차 발견되지 않은 시기
였다. 자바원인에 대해서도 논란이 끊이지 않았으니 어쩔 수 없
는 상황이기도 했다. 네안데르탈인은 1957년이 되어서야 '멍청
하다'는 오명에서 벗어날 수 있었다. 미국인 해부학자 윌리엄 스

트라우스William Straus가 보울이 조사했던 유골을 재조사하면서 그의 복원에 오류가 있었음을 지적했던 것이다. 네안데르탈인도 우리와 다름없는 비슷한 모습의 인류였다는 사실이 밝혀진 순간이었다.

스트라우스는 재조사 결과를 정리한 논문에서 마지막을 다음과 같이 맺었다. "네안데르탈인이 샤워를 하고 이발을 한 다음 수염을 깎고서 모자를 눌러쓴 채 뉴욕의 지하철에 올라타면, 아마 누구도 그가 네안데르탈인임을 눈치채지 못할 것이다."

네안데르탈인에 대한 새로운 사실들이 밝혀지자 급기야 네안데르탈인이 호모 사피엔스의 조상이라고 주장하는 연구자까지 나타났다. 과거의 네안데르탈인에 대한 평가를 생각하면 그야말로 놀라운 변화였다. 이 무렵에는 '초기 원인-원인猿人-원인原人-구인-신인'의 순으로 인류가 진화해 왔다고 믿었다. 즉 원인原人이 진화하여 구인이 되고, 구인이 진화하여 신인이 되었다는 흐름이다.

과거에는 네안데르탈인을 호모 사피엔스와 겉모습만 조금 다를 뿐, 같은 부류인 아종亞種이라고 생각했다. 하지만 현재는 완전히 다른 별종別種으로 구분한다. 1997년 이후 몇 구의 네안데르탈인의 유골에서 미토콘드리아 DNA를 추출하여 현대인의 DNA 배열과 직접 대조한 결과 전혀 다른 종이라는 사실이 확인되었기 때문이다. 두 개체의 DNA가 매우 다른 양상을 보이는데, 이만큼의 차이가 나타나려면 55만~69만 년이라는 시간이 필요하다. 현재는 네안데르탈인과 호모 사피엔스를 원인原人에서 갈라져 나와 각각 별도의 개체로 진화한 이종異種으로 보는 견해가 정설로 받아들여지고 있다.

그렇다면 한 가지 의문점이 남는다. 네안데르탈인과 호모 사피엔스는 1만 년 동안 함께 살았는데 어째서 호모 사피엔스는 지금까지 살아남았고, 네안데르탈인은 멸종의 길로 들어선 것일까? 이 의문점 역시 인류 진화의 풀리지 않은 수수께끼의 하나로 남아 있다.

# 불을 능숙하게 다루던 사람

## 네안데르탈인의 마음을 읽다

네안데르탈인의 생활은 어땠을까? 집을 짓고 살았다는 명확한 증거가 아직 발견되지 않은 것을 보면 아마도 동굴 생활을 하지 않았을까 추정한다. 실제로 몇몇 동굴 안에서 사람의 뼈와 함께 많은 양의 석기가 발견되었고, 동굴 안쪽 바닥에는 불을 피운 흔적도 남아 있었다. 그 주위로 동물들의 뼈가 여기저기 흩어진 모습도 볼 수 있었다. 네안데르탈인은 동굴이나 바위 그늘 아래에서 밥을 먹고 잠도 자는 등 기본적인 생활을 하면서 석기를 만들어 썼던 것으로 보인다.

과거에는 최초로 불을 사용한 인류라고 하면 보통 베이징원인을 떠올렸다. 그런데 베이징원인의 유골이 발견된 저우커우뎬 동굴을 재조사한 학자들의 이야기는 조금 다르다. 불에 탄 재가 쌓여 형성되었다는 지층이 사실은 동굴에서 서식하던 박쥐들의 배설물이 쌓인 퇴적층일지도 모른다는 주장이 제기되었기 때문이다.

지금까지 발견된 불의 흔적 중에서 인간이 불을 사용한 가장 확실한 증거로는 2012년 발견된 남아프리카 공화국에 있는 원더워크Wonderwerk 동굴의 흔적이 있다. 깊이 140미터의 동굴 안쪽에 불을 피운 흔적이 남아 있었다. 동시에 주변에서는 섭씨 500도 전후로 가열한 식물의 재와 불에 탄 뼛조각들이 발견되었다. 그곳에 함께 있던 석기와 주변 지층을 확인한 결과 약 100만 년 전에 살았던 호모 에렉투스의 흔적일 가능성이 높았다.

네안데르탈인의 시대로 접어들자 불을 사용한 명확한 증거들이 본격적으로 나타나기 시작했다. 사물이 불에 타는 현상, 즉 연소 작용은 인류가 발견한 화학변화 가운데 가장 오래되고 또 가장 중요한 변화였다. 낙뢰로 인한 산불처럼 자연적으로 발생하는 연소도 있지만 머지않아 인류는 나무를 서로 마찰하거나 2개의 돌을 맞부딪쳐서 직접 불을 만들어낼 수 있다는 사실을 깨닫는다. 네안데르탈인이 어떤 방법으로 불을 피우기 시작했는지는 알수 없다. 이들이 불을 피워 구체적으로 어떤 용도로 사용했는지도 명확하지 않다. 동굴 안에서 불을 지펴 음식을 조리했거나, 육식동물로부터 자신을 지키는 호신용으로 사용했을지도 모른다.

## 네안데르탈인은 매장의 풍습이 있었다

원인原人들은 동료가 사망해도 따로 매장을 하지는 않았던 것으로 추정된다. 이와 관련된 확실한 증거는 아직 발견하지 못했다. 그러나 네안데르탈인에게는 매장의 풍습이 있었다. 네안데르탈인이 직접 매장한 유골이 발견되면서 야만적인 존재라고 오해받던 20세기 초에도 그들의 매장 풍습만큼은 인정을 받았다.

그런데 최근에 네안데르탈인의 매장 풍습에 의문을 제기하는 학자들이 등장했다. 매장이 아니라, 그저 동굴 안에서 자연사한 것이 아니냐는 주장이었다. 인류 진화를 연구하는 나라 다카시奈良貴史 교수는 그의 저서 《네안데르탈 인류의 비밀ネアンデルタール人類の謎》에서 자연사망설과 관련해 이렇게 주장했다. '자연사했을 가능성도 있지만, 동료를 매장했다고 보는 것이 타당하다'고 말이다. 나라 교수는 일정한 깊이로 파 내려가 구덩이를 만들어 그곳에 매

장했다고 볼 수밖에 없는 흔적이 곳곳에서 발견되었다고 설명한다. 네안데르탈인의 유골이 발견된 석회암 동굴은 구덩이를 새로 파려면 석기를 쓰더라도 상당히 고된 작업을 거쳐야 한다. 차라리 시신을 동굴 밖에 내다 버리면 동물들이 금세 처리해주니, 그들의 입장에서는 이쪽이 훨씬 편한 방법이었을 것이다.

그러나 네안데르탈인은 동료의 시신을 방치하지 않았다. 굳이 번거로운 과정을 거쳐서 무덤을 만들어 시신을 매장한 이유는 무엇일까? 나라 교수는 이렇게 예측한다. "그들 나름대로 죽음에 대한 애도의 마음이 있었던 것 같다. 죽은 동료의 시신이 썩어 없어져 가는 모습을 차마 보고 있을 수 없다는 생각이 들지 않았을까 싶다."


## 네안데르탈인의 배려심


이라크의 샤니다르 동굴에서 한쪽 눈과 한쪽 팔밖에 없는 유골이 발견되었다. 사망하면서 입은 부상이 아니었다. 꽤 오랫동안 불편한 몸으로 살아온 듯 보였다. 장애가 있으면 혼자만의 힘으로는 살아가기 힘들다. 그런데도 한동안 살아온 흔적이 남았다는 것은 주변에서 누군가가 도와줬다는 의미다. 네안데르탈인에게는 장애를 가진 동료와 음식을 나누고, 그들을 보살펴주는 배려심이 있었다.

이 밖에도 동아프리카의 투르카나 호수 인근 유적지에서 병에 걸린 흔적[비타민A 과잉증 또는 딸기 혈관종(열대성감염증)]이 있음에도 한동안 생존했던 것으로 보이는 호모 에렉투스 여성의 사례도 보고된 바 있다. 이 또한 네안데르탈인에게 동료를 간호하고 돌보는 문화가 있었다는 사실을 증명한다.

인류는 아주 먼 옛날부터 상대를 배려하는 마음이 있었다. 인류가 아닌 다른 포유동물도 동료의 죽음을 슬퍼하는 것처럼 보이는 행동 패턴들이 확인된다. 어미 침팬지가 선천적인 중증장애를 가진 새끼를 2년 동안 지극정성으로 돌봤다는 사례도 있다. 이처럼 다른 포유류도 부분적이지만 새끼는 물론, 동료를 배려하는 마음이 있다는 것을 알 수 있다.

# '미토콘드리아 이브'의 계승자

## 모든 것은 한 여성으로부터 출발했다

최근 고인류 연구 분야에서는 화석의 출토와 더불어 DNA 분석 작업을 병행하는 것이 유행이다. 우리 인간(호모 사피엔스)의 직접 조상은 약 20만 년 전에 아프리카 대륙에서 살던 무리였다. 이러한 결론을 뒷받침해주는 가설이 바로 '미토콘드리아 이브설'이다. 1987년 미국의 분자생물학자인 앨런 윌슨Allan Charles Wilson 박사팀이 〈네이처〉에 한 편의 논문을 발표한 것을 계기로 '미토콘드리아 이브'의 존재가 세상에 알려졌다. 세계 각국의 147명의

미토콘드리아

여성에게서 태반에 있는 미토콘드리아를 채집해 DNA를 분석했다. 그 결과 현재의 인류인 호모 사피엔스에 속하는 거의 모든 사람이 약 20만 년 전(16만±4만 년) 아프리카에서 살던 한 여성의 자손이라는 결론을 얻었다.

이 논문을 기사화한 기자가 아프리카에 살았다는 그 여성에게 '미토콘드리아 이브'라는 이름을 붙여주었다. 성경에는 모든 인류가 신이 창조한 최초의 인간인 아담과 이브의 자손이라고 쓰여 있다. 현생인류인 모든 호모 사피엔스의 어머니라면 그 여성이야말로 진정한 '이브'라고 생각했던 것이다.

## 미토콘드리아 DNA가 늘어나는 원리

미토콘드리아는 세포소기관으로 호흡하는 '에너지 공장'이라고 불린다. 유전정보를 저장하는 DNA는 대부분 세포의 핵과 미토콘드리아에 있다.

인간은 태어난 날을 기준으로 270일 전에는 지름 0.1밀리미터의 수정란이었다. 아주 작은 1개의 세포에 지나지 않았다. 수정란은 여성의 난자와 남성의 정자가 만나 하나로 결합하면서 만들어진 세포다. 엄마 몸속의 세포가 난자를 만들면 그 난자 안에는 미토콘드리아도 함께 포함된다. 난자가 수정란이 되어도 미토콘드리아는 그대로 남는다. 즉 수정란에 있는 미토콘드리아는 엄마 몸속 세포의 미토콘드리아와 동일하다. 그런데 정자에 있던 아빠의 미토콘드리아는 수정될 때 난세포 안에서 분해된다. 그래서 아빠의 미토콘드리아 DNA는 자손들이 물려받을 수 없다. 태어난 아기 몸속에 있는 미토콘드리아는 엄마에게서 물려받은 미토콘드리아뿐이다.

일반적인 유전자(핵 DNA)는 아빠와 엄마 양쪽에서 물려받지만, 미토콘드리아 DNA는 엄마의 것만 자손에게 전해진다. 따라서 미토콘드리아 DNA를 조사하여 엄마의 계보를 따라 올라가다 보면 조상이 누구인지 그 뿌리를 찾을 수 있다. 예를 들어, 형

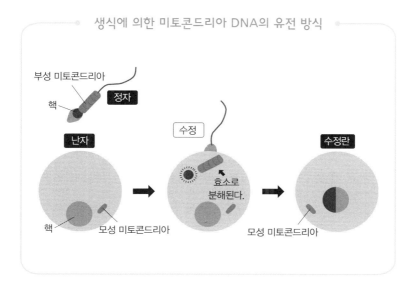

부성 미토콘드리아

핵

정자

난자

수정

수정란

효소로
분해된다.

핵

모성 미토콘드리아

모성 미토콘드리아

제자매가 몇 명이든 간에 한 어머니에게서 태어난 형제자매는 모두 동일한 미토콘드리아 DNA를 갖는다. 자식에게 전해진 엄마의 미토콘드리아 DNA는 그 엄마(할머니)에게서 물려받은 것이다. 그러므로 미토콘드리아 DNA에 돌연변이가 생기지 않는 이상, 후손들은 모두 동일한 미토콘드리아 DNA를 갖게 되는 것이다.

한 여성이 두 아들과 두 딸을 낳았다고 가정해보자. 그리고 그 자식들이 어머니와 똑같은 형제자매 구성으로 아이를 낳고 이러한 흐름이 계속 이어지다 보면 한 세대마다 동일한 미토콘드리아 DNA를 가진 여자아이가 2배씩 늘어난다. 물론 아들도 딸과

똑같은 미토콘드리아 DNA를 갖고 있지만 자식 세대에 유전되지 않고 사라지므로 수치에는 포함하지 않는다.

모든 딸이 15세에 자식을 낳는다고 가정하고 이것이 대대로 이어질 경우, 미토콘드리아 이브의 출현 이후 150년 만에 동일한 미토콘드리아 DNA를 가진 이브의 자손은 2000명으로 늘어난다. 이 기간을 15만 년으로 잡으면 $2^{10000} \times 2$명의 자손들이 태어난다는 계산이 나온다. 현재 전 세계 인구수를 고려하면 한 명의 여성에게서 유래하였다는 주장에 수학적인 모순은 전혀 없다.

## 미토콘드리아의 돌연변이

미토콘드리아 DNA는 돌연변이를 잘 일으키기 때문에 종류도 매우 다양하고 개인 간의 차이도 크다. 미토콘드리아 DNA를 조사해서 아프리카인, 유럽인, 아시아인에게서 개인 간 종류의 차이가 각각 다르게 나타난다면, 종류가 많을수록 역사가 긴 집단이라고 할 수 있다. 미토콘드리아 이브를 아프리카인이라고 추측하는 이유가 바로 여기에 있다. 조사 결과 다른 지역 출신에 비해 아프리카 출신 여성들의 미토콘드리아 DNA 종류가 가장 많았다. 유럽인, 아시아인은 개인별 종류의 차가 크지 않은 것을 보면 아프리카인에 비해 역사가 길지 않다고 예상할 수 있다. 돌연변이의 축적 정도로 미토콘드리아 이브가 살았던 시대를 계산해보았더니 지금으로부터 16만±4만 년 전의 인류라는 결과가 도출되었다. 덧붙이면, 현재 살아 있는 인류의 대다수가 미토콘드리아 이브의 자손이라고 해도 우리가 생각하는 태초의 그 아담과 이브처럼 단 2명의 조상에게서 인류가 탄생했다는 뜻은 아니다. 미토콘드리아 이브가 살던 지역에는 1만 명에 달하는 호모 사피엔스들이 함께 살고 있었다.

그들이 전 세계 곳곳으로 퍼져나가면서 지금과 같은 다양한 인종으로 이루어진 현생인류의 조상으로 진화한 것이다.

## 네안데르탈인의 DNA를 해석하다

2006년에 DNA를 해석하는 장치인 차세대 시퀀서sequencer(제 2세대 시퀀서)가 처음 상용화되면서 무작위로 절단된 수천만 개 DNA 단편의 염기 서열을 동시다발적으로 결정할 수 있게 되었다. 이전의 시퀀서로는 미토콘드리아 DNA의 해석에 그쳤지만, 이제는 핵 DNA의 해석까지 가능해졌다.

2010년에는 3명의 네안데르탈인 DNA를 분석하여 그들의 게놈(DNA에 있는 모든 유전정보)을 60퍼센트 정도 복원한 연구 결과

아프리카를 떠난 호모 사피엔스의 각 지역 분포 양상

유럽의
호모 사피엔스

아시아의
호모 사피엔스

서아시아의
네안데르탈인과
이종교배

아프리카의
호모 사피엔스

가 발표됐다. 아프리카인, 유럽인, 아시아인을 대상으로 네안데르탈인의 게놈과 비교한 실험이었다. 결과는 아프리카인과 네안데르탈인 사이의 게놈 종류의 차이가 가장 큰 것으로 나타났다.

또한 네안데르탈인과 호모 사피엔스는 약 59만~55만 년 전에 갈라져 나왔다는 사실도 밝혀졌다. 미토콘드리아 DNA의 해석 결과 약 60만 년 전에 갈라져 나왔다는 결론과 거의 비슷한 시기가 도출된 것이다. 만약 이 시기에 네안데르탈인과 호모 사피엔스가 갈라져 나왔다면 아프리카인·유럽인·아시아인의 게놈과 네안데르탈인의 게놈의 차이는 비슷한 수준이어야 한다. 그러나 세 지역 가운데 유독 아프리카인과의 차이만 크게 나타나는 이유는 무엇일까? 아프리카를 떠난 호모 사피엔스가 이후 네안데르탈인을 만나 혼혈이 일어났고, 이 혼혈들이 아시아와 유럽으로 이동하여 살았다고 가정하면 어느 정도 설명이 가능하다.

아프리카인을 제외한 나머지 인종들이 네안데르탈인의 DNA를 물려받았기 때문에 그들과의 차이가 크지 않았던 것이다. 이처럼 네안데르탈인은 완전히 멸종한 것이 아니라 우리 현생인류의 몸속에 DNA를 남긴 채 지금까지 우리와 함께 살아왔다. 얼마 전까지만 해도 '아프리카를 벗어난 호모 사피엔스가 네안데르탈인과 나머지 원인原人의 후손들을 몰아내고 전 세계로 퍼졌다'는 주장이 정설이었는데, 이제는 네안데르탈인과 현생인류의 관계를 재정립해야 할 듯하다.

2014년에는 네안데르탈인의 DNA에 대한 정밀도 높은 해석 작업이 이루어지면서 개인차는 있지만, 현생인류의 게놈 가운데 네안데르탈인의 게놈이 1~3퍼센트 정도 차지하고 있다는 연구 결과도 발표되었다. 낮은 비율이기는 하지만 우리 안에는 네안데르탈인의 피가 흐르고 있었다.

## 데니소바인의 존재

호모 사피엔스와 혼혈을 일으킨 구 인류는 네안데르탈인만이 아니다. 2008년 러시아의 서시베리아에 위치한 데니소바 동굴에서 아주 작은 뼛조각이 발견됐다. 방사성 탄소 연대 측정 결과 4만 1000년 전의 것이었다.

2010년에는 출토된 뼈로 DNA 분석 작업을 진행했고, 분석 결과 네안데르탈인도 호모 사피엔스도 아닌 제3의 인류로 드러나면서, 데니소바인Denisovan이라는 이름이 붙여졌다. 네안데르탈인과 마찬가지로 데니소바인도 호모 사피엔스와 몇만 년 동안 함께 살았다. 데니소바인의 DNA는 유럽과 동아시아 지역의 호모 사피엔스에게서는 나타나지 않았지만, 동남아시아·파푸아뉴기니·호주의 선주민先住民들에게서는 5퍼센트 정도의 데니소바인 유전자가 확인되었다. 이 지역의 선주민은 가장 먼저 동남아시아와 호주에 진출한 호모 사피엔스의 후손들로, 그 지역에 이미 자리를 잡고 있던 데니소바인과 만나면서 혼혈이 일어나지 않았을까 추측한다.

## 혼혈로 얻은 것들

호모 사피엔스가 7만~6만 년 전에 '탈아프리카Out of Africa'를 시작한 이래, 전 세계로 퍼져나갔다는 단순한 시나리오는 이제 무너지고 말았다. 약 80만 4000년 전에 네안데르탈인과 데니소바인, 호모 사피엔스가 공통의 조상으로부터 갈라져 나왔고, 네안데르탈인과 데니소바인은 약 60만 년 전에 나뉘었다.

호모 사피엔스들은 7만~6만 년 전, 탈아프리카의 시대를 지나 몇만 년 전까지 세계 각지로 흩어져 정착 생활을 시작했다. 그 후 이들로부터 아프리카인, 아시아·유럽인, 멜라네시아인으로 나뉘게 되었다. 이때 아프리카인을 제외한 나머지 인종은 네안데르탈인과 데니소바인 사이에서 혼혈이 일어났다(인종의 개념은 현재 학계에서 거의 사용하지 않으며, 생물학적 범주의 개념이라기보다 사회문화적 개념으로 인정하는 추세다-감수자).

혼혈의 호모 사피엔스들은 다른 유전자의 영향으로 생존에 유리한 유전자를 획득할 수 있었다. 네안데르탈인에게서 물려받은 DNA가 면역력을 높여주었다는 가설이 그 좋은 예다. 그렇지만 우리 현생인류 사이에서는 종이나 아종으로 구분할 만한 차이가 존재하지는 않는다. 인류학자들은 인류를 인종으로 분류할 생물학적인 근거가 없다고 말한다. 즉 인종이란 같은 종인 현생의 인류를 좀 더 구체적인 집단으로 구분 짓는 용어에 지나지 않는다. 인류학자가 편의에 따라 체격, 피부색, 머리카락 색깔 등 유전적인 신체 특징을 가지고 인류를 인종으로 구분해놓은 것이다. 이를테면 이런 식이다. 닭의 경우, 인간이 인위적으로 품종을 달리하여 만들어 놓아서 같은 닭이라도 품종에 따라 구분이 되는데, 바로 이 품종에 해당하는 것이 인종이다. 인종의 차이는 그저 겉모습의 차이에 지나지 않는다. 서로 다른 지역에 정착한 인간이 오랜 기간 한자리에 살면서 지리적 환경의 영향을 받아 그것이 겉모습으로 나타나게 된 것이다.

피부나 눈동자 색처럼 신체적 특징을 기준으로 인간 사이에 경계선을 긋고, 몇 개의 집단으로 분류하는 인종이라는 개념은 오늘날 생물학적으로 전혀 유효하지 않다는 사실을 잊지 말아야 한다. 인종별로 유전자 구조에 아무런 차이점이 없다는 인간 게놈의 분석 결과 역시 이러한 사실을 뒷받침해주고 있다.

# 인간을 빠르게 변화시킨 언어와 도구

## 도구를 사용하는 동물들

과거에는 인간만이 도구를 쓸 수 있다고 생각했다. 하지만 최근에는 인간이 아닌 다른 동물들도 도구를 만들어 사용하는 모습이 관찰되고 있다. 대표적인 예가 까마귀다. 남태평양 뉴칼레도니아에 서식하는 뉴칼레도니아 까마귀Corvus moneduloides는 '낚시'를 한다. 부리로 가느다란 식물의 줄기를 물고서 나무 구멍 속에 집어넣고 줄기를 먹이로 착각해 달라붙은 유충들을 끌어내서 잡아먹는다. 낚시뿐만 아니라 끝이 가시처럼 뾰족한 잎사귀로 식

기름야자 열매를 까는 침팬지

물 틈새에 끼어 있는 먹이를 긁어내는 모습도 포착되었다. 중요한 것은 이 도구를 까마귀가 직접 만든다는 것이다. 잔가지에서 나뭇잎을 가져와 부리로 잎사귀의 끝을 자르거나 뜯어내 원하는 도구를 만든다. 먹이가 풍족하지 않은 환경을 이겨내고자 도구를 만든 까마귀들은 이 기술을 다시 새끼에게 전수한다.

　도구의 사용이라 하면, 역시 침팬지를 빼놓을 수 없다. 침팬지는 개미의 유충이나 흰개미를 좋아하는데 주변에 있는 줄기 등을 뜯어서 개미집에 집어넣고 줄기에 붙어 딸려 나오는 유충들을 핥

아먹는다. 근처에 마땅한 도구가 없으면 개미집에서 멀리 떨어진 곳까지 가서 줄기를 골라 적당한 길이로 잘라서 쓰기도 한다. 침팬지의 이러한 모습을 처음 발견한 과학자는 이 행동을 가리켜 '개미 낚시'라고 불렀다.

침팬지는 나뭇가지를 다양한 용도로 사용한다. 두꺼운 막대기를 지렛대처럼 쓰기도 하고, 나무 구멍 속에 꿀이 있는지 확인할 때도 나뭇가지를 활용한다. 심지어 나뭇잎으로 더러워진 몸을 닦기도 한다. 놀랍게도 침팬지는 2개의 도구를 동시에 사용하는 능력이 있다. 딱딱한 기름야자 열매의 껍질을 까기 위해 2개의 돌을 하나는 망치돌로, 나머지 하나는 받침돌로 쓰는 모습이 관찰되었다.


## 본능을 넘어 학습으로


새가 둥지를 짓는 행위는 본능적인 행동이다. 본능적인 행동이란 유전적으로 이미 프로그래밍되어 있어 태어날 때부터 입력된 자연스러운 행동을 말한다. 본능적인 행동의 예로 꿀벌의 몸짓을 들 수 있다. 꿀벌들은 꿀이 있는 꽃의 위치를 춤으로 표현해 동료들에게 알린다.

침팬지들도 이동 생활을 하며 매일같이 나뭇잎과 가지들을 모아 휴식을 위한 둥지를 짓는다. 그런데 새끼 침팬지들은 둥지를 짓지 못한다. 어미 곁에서 만드는 과정을 자세히 관찰하고 기억한 다음 그대로 흉내를 내면서 점차 능숙해진다. 따라서 침팬지에게 둥지를 짓는 능력은 사회적 학습의 결과물이다. 네 살 이하 침팬지에게 개미 낚시는 상당히 어려운 활동이지만, 대뇌가 발달하여 학습이 가능해지면 서서히 기술을 익힌다. 이렇게 기술을 익힌 침팬지는 어느 정도 본능에서 벗어났다고도 할 수 있다. 침팬지처럼 네발로 걷는 동물도 간단한 도구를 만드는데 직립보행을 하는 인간이 도구를 만드는 것은 어찌 보면 당연한 결과일 수도 있다.


## 도구를 만들기 위한 도구


200만 년 전에 동아프리카에 살던 원인猿人들이 사용한 간단한 석기를 한번 살펴보자. 석기로 쓸 돌을 망치돌로 내리치면 날카로운 파편이 떨어져 나온다. 떨어져 나온 돌 파편은 마치 '작은 날붙이(칼)'처럼 생겨서 사물을 자를 수 있다. 손으로 직접 비틀어 따지 않아도 쉽게 나무 열매를 딸 수 있고, 식물의 뿌리를 캘 때도 나무 막대기 끝을 뾰족하게 깎아서 파내면 더 많은 양의 먹이를 확보할 수 있다. 석기는 채집의 효율을 높이는 데 활용되었다.

침팬지의 개미 낚시용 낚싯대와 인간의 석기를 비교했을 때 한 가지 큰 차이점이 있다. 침팬지는 자신의 손가락이나 이빨로 도구를 만들지만 인간은 석기를 만들기 위해서 또 다른 도구인 망치돌을 사용한다는 점이다. '돌을 쪼개기 위한 돌'처럼 도구를 만들기 위한 도구를 '2차적 도구'라고 한다.

침팬지가 낚싯대를 완성하면 즉시 개미를 잡아먹을 수 있지만, 2차적 도구는 완성해도 그것만으로 원하는 먹이를 즉시 손에 넣을 수는 없다. 2차적 도구를 만들기 위해서는 다양한 사고가 가능해야 한다. 우선 적절한 재료를 고르고 앞으로 만들 석기의 모양을 정한 다음 작업의 순서를 짜야 한다. 그리고 적절하게 힘을 조절해가면서 정확한 강도로 돌을 내리쳐야 석기를 완성할 수 있다.

석기를 만들기 위해서는 자신의 행동에 대한 결과를 예측하고 계획을 세워서 균일한 힘으로 돌을 다룰 수 있는 종합적인 능력이 요구된다. 이때 가장 중요한 것이 대뇌의 발달이다. 대뇌의 발달과 도구를 만드는 능력 그리고 도구의 사용은 상호작용을 통하여 꾸준하게 발전해왔다.

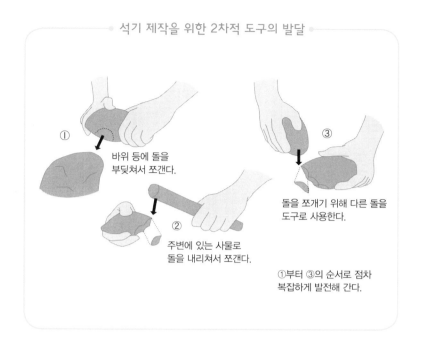

석기 제작을 위한 2차적 도구의 발달

① 바위 등에 돌을 부딪쳐서 쪼갠다.

② 주변에 있는 사물로 돌을 내리쳐서 쪼갠다.

③ 돌을 쪼개기 위해 다른 돌을 도구로 사용한다.

①부터 ③의 순서로 점차 복잡하게 발전해 간다.

## 인간은 언제부터 언어를 사용했을까?

직립보행이 가능해진 인간은 척추 바로 위에 머리가 위치하게 되었다. 그 결과 콧구멍과 입, 인두(목 부분)의 각도가 직각 구조를 이루게 되었다. 인두를 아래로 내리면 목소리를 공명할 수 있는 입안의 공간이 넓어지면서 혀의 움직임도 자유로워진다.

유인원은 인두가 좁아서 소리를 낸다 해도 '아아', '우우' 하는 모음 정도만 가능할 뿐, 공명시켜 발음해야 하는 자음은 소리 낼 수 없다. 초기 원인猿人의 인두는 유인원보다 넓었지만, 언제부터 말을 했는지는 밝혀지지 않았다. 네안데르탈인이 어느 정도의 언어 능력이 있었는지는 연구자마다 의견이 다르다. 현재 학계의 결론은 언어 능력과 직접적으로 관련 있는 뼈나 뇌의 구조가 현대인과 거의 비슷했으니 말을 했다고 볼 수도 있다는 입장이다. 지금부터는 언어 능력과 밀접하게 연관된 다른 행위들의 기원을 찾아 살펴보고, 이를 통해 간접적으로 언어의 기원에 대해서도 생각해보자.

많은 연구자가 약 4만 년 전에 이루어졌던 예술 활동이 현대인의 수준 높은 언어 능력의 출발점이라고 생각한다. 추상화할 수 있는 사고력의 발달 없이는 예술 활동이 불가능하기 때문이다. 당시 사람들이 그린 벽화를 살펴보면 그들이 언어 능력과도 밀접한 창조력을 통하여 대자연을 느끼고 그것에 대해 깊이 생각했었다는 사실을 엿볼 수 있다. 물론 이보다 훨씬 전부터 언어를 사용했을 수도 있다.

석기를 만들어 사용하던 인간에게는 재료를 고르고 도구를 만드는 목적을 머릿속에 떠올리며 눈앞에 없는 존재에 대해 생각할 수 있는 능력이 필요했다. 석기 제작은 인간이 환경에 적응하기 위한 수단에 그치지 않고 생각하는 힘을 발달시켰다. 사고력이 발달하는 동시에 추상화하는 능력도 갖춰졌다. 석기 제작과 마찬가지로 언어를 사용하기 위해서는 눈앞에 없는 존재에 대해 표현할 수 있어야 한다. 석기 제작과 언어 사용에는 이러한 공통점이 있다. 인간은 정확히 언제부터 언어를 쓰기 시작했을까? 결코 쉽게 답을 찾을 수 있을 것 같지 않다.

인간은 도구를 위한 도구를 만들 수 있었구나.

# Part 2
·········
# 놀라운
# 인류 진화의 여정

## 식물의 번성과 육지로 올라온 동물

척추동물의 조상이 걸어온 발자취를 따라가다 보면 데본기(4억 1600만~3억 5900만 년 전)까지 거슬러 올라간다. 지구가 데본기로 접어들자 바닷속에서는 광합성을 하는 생물들이 생기기 시작했다. 광합성 생물이 내뿜는 산소로 대기 중의 산소량이 증가했고, 성층권에는 오존층이 형성되었다. 오존층은 지구상의 생물들을 위협하는 유해한 자외선을 흡수하는 역할을 한다. 오존층이 형성되자 육지에는 생물이 서식할 수 있는 조건이 갖춰지게 되었다.

최초로 육지에 자리 잡은 생물은 이끼와 양치식물이다. 식물들이 광범위하게 퍼져나가면서 대기 중의 산소 농도는 더욱 높아졌고, 동물들이 지상으로 올라올 수 있는 환경이 만들어졌다. 가장 먼저 모습을 드러낸 동물은 곤충과 거미류였다. 데본기 말기가 시작되고 드디어 우리의 조상인 육상 척추동물(네발 동물)이 등장했다.

육상 척추동물은 뼈가 굳고 딱딱한 경골어류硬骨魚類 중에 육기류肉鰭類(총기류總鰭類나 폐어류肺魚類 등을 포함하는 어군)에서 진화한 동물로 추정된다. 지느러미(기鰭)는 두툼한 살덩어리로 이루어져 있었고 창자 일부가 변형되면서 만들어진 폐를 가지고 있었다. 물속에서는 신체에 실리는 중력과 부력이 균형을 이루지만, 육지에서는 중력을 이겨내고 몸을 떠받쳐 움직일 수 있게 해주는 다리가 필요하다. 또한 물속에서는 아가미로 물에 녹아 있는 산소를 걸러 호흡하지만 육지에서는 폐로 공기 중의 산소를 들이마셔야 한다.

원시 양서류로 최초로 육지에 진출한 동물로는 아칸토스테가Acanthostega와 익티오스테가Ichthyostega(고생대 데본기 후기의 화석 양서류. 현재까지 알려져 있는 가장 오래된 양서류로 육상에서 생활한 최초의 네발 동물이다-옮긴이)가 대표적이다. 이들의 화석을 자세히 살펴보면 가슴지느러미는 앞다리로, 배지느러미는 뒷다리로 진화했다는 사실을 알 수 있다. 당시의 온난하고 건조한 기후 속에서 살아남기 위해 네발로 기어서 말라가는 늪지대를 벗어나 생존에 적합한 늪지대를 찾아 이동했던 것으로 보인다.


## 7개가 될 뻔한 인간의 손가락

팔꿈치부터 손목까지 이어지는 자신의 뼈를 한번 살펴보자. 2개로 나누어진 뼈가 팔꿈치와 손목을 이어주고 있다. 2개의 뼈 중에서 엄지손가락 쪽으로 이어져 있는 뼈를 요골橈骨, 나머지 한 쪽을 척골尺骨이라고 한다. 다음으로 손목부터 손가락까지의 뼈 구조를 보자. 손목에서 가장 가까운 부분에 3개의 뼈가 붙어 있고, 3개의 뼈끝에 4개의 손목뼈가 이어져 있다. 그리고 4개의 손목뼈 끝에는 5개의 손가락뼈가 붙어 있다.

위팔에서부터 손목까지 이어지는 뼈의 개수를 순서대로 세어 보면 점차 뼈의 개수가 늘어나다가 마지막에는 5개의 손가락으로 끝난다. 구조상 상당히 효율적으로 배치되어 있다.

집에서 고양이를 키우는 독자라면 고양이의 앞다리 뼈를 살짝 만져보자. 뼈의 개수와 배치가 인간의 골격과 거의 같다. 뒷다리도 큰 차이가 없다. 이러한 골격의 기원은 가장 먼저 육지로 올라

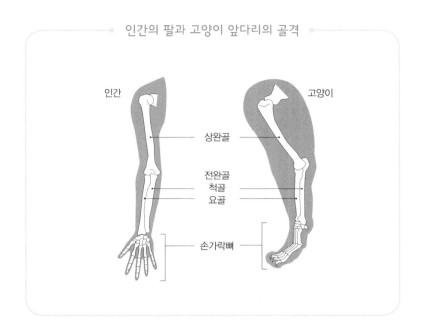

인간의 팔과 고양이 앞다리의 골격

인간

고양이

상완골

전완골
척골
요골

손가락뼈

온 원시 양서류까지 거슬러 올라간다. 연구가 거의 마무리되어 가는 익티오스테가를 보면 개체마다 발가락의 개수가 달랐다. 일부 개체들이 7개의 발가락을 가지고 있었다.

익티오스테가라는 이름에서 '익티오'는 물고기를 뜻한다. 데본기에 처음으로 육지를 밟은 이들은 이름처럼 어기적거리며, 걷는다고 말하기에는 어색한 모습으로 느릿느릿 기어 다녔을 것이다. 그렇게 조금씩 육지 생활에 적응하며 개체를 늘리다가 5개의 발가락을 가진 한 개체만이 환경에 뛰어나게 적응하면서 후대로 이어지는 육상 척추동물의 조상으로 살아남지 않았을까 추측한

익티오스테가

몸길이 약 1미터

다. 그 후로 네발 달린 동물의 기본적인 발가락 구조는 5개로 굳어진다. 이러한 기본 구조가 장장 수억 년이라는 긴 시간 동안 양서류·파충류·조류를 거쳐 우리가 속한 포유류까지 전해져 내려왔다. 만약 그 시절에 7개의 발가락을 가진 익티오스테가가 우리의 조상으로 살아남았다면 우리는 지금쯤 7개의 손가락으로 생활했을지도 모른다.

공룡은 3개, 말은 1개, 거미원숭이나 콜로부스 같은 원숭이의 친척들은 4개의 발가락을 가지고 있지만 원래는 5개에서 일부가 퇴화한 것으로, 자세히 살펴보면 퇴화의 흔적을 발견할 수 있다. 그리고 흔히 '판다의 발가락은 7개'라고 하지만 판다 역시 발가

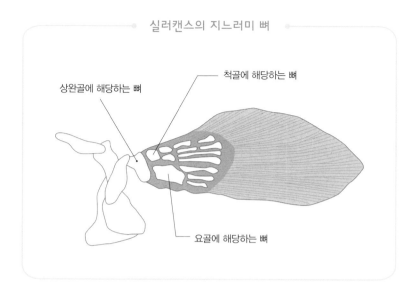

실러캔스의 지느러미 뼈

상완골에 해당하는 **뼈**

척골에 해당하는 **뼈**

요골에 해당하는 **뼈**

락은 5개다. 나머지 두 손가락의 정체는 손목뼈가 특수하게 발달
한 것으로, 손가락처럼 사용하고 있을 뿐이다.

## 손의 원형인 실러캔스의 지느러미

이 밖에 고생대에 살았던 실러캔스coelacanth의 화석에서도 손의
흔적을 찾을 수 있다. 화석을 자세히 들여다보면 경골어류 중 총
기류에 속하는 실러캔스의 지느러미에서 손의 원형인 기본 골격
들이 보인다.

실러캔스의 가슴지느러미에는 인간의 상완골에 해당하는 뼈가 하나 있고, 그 끝에 요골과 척골에 해당하는 2개의 뼈가 이어져 있다. 그리고 이 2개의 뼈끝에는 전체적인 지느러미의 모양을 잡아주는 몇 개의 뼈대가 붙어 있다.

총기류의 지느러미뼈는 수억 년에 걸친 진화 과정에서 다양한 모습으로 변화했다. 공룡의 다리와 새의 날개, 두더지와 박쥐에게서 볼 수 있는 희한한 모양의 앞발, 임팔라와 얼룩말의 빠른 다리, 무시무시한 사자의 앞발 그리고 문화를 창조해낸 인류의 손까지 실러캔스의 가슴지느러미를 시작으로 수많은 형태로 발전해왔다.

이렇게 해서 육지는 양서류들의 차지가 된다. 3억 5000만 년 전부터는 원시 양서류의 일부가 도롱뇽의 일종인 도마뱀과 개구리로 진화하는 등 여러 종류의 양서류 동물들이 갈라져 나오면서 본격적인 양서류의 시대가 펼쳐진다. 또한 데본기가 끝나고 고생대 석탄기(3억 5900만~2억 9900만 년 전)가 시작되자 원시 파충류들이 나타나기 시작했다.

# 물을 떠나자 폐가 발달하다

## 대륙의 이동으로 사라져버린 물가

양서류의 뒤를 이어 고생대 말기인 석탄기에는 파충류가 모습을 드러냈다. 석탄기에는 지구 곳곳에서 많은 변화가 일어났다. 땅덩어리가 서로 뭉치고 부딪히면서 로라시아Laurasia와 곤드와나Gondwana라는 커다란 2개의 대륙이 형성되었고, 나아가 두 대륙이 점점 가까워지면서 하나의 거대한 판게아Pangaea 대륙이 만들어지던 시기였다. 대륙이 하나로 커지자 바다에 접해 있던 해안가 면적이 줄어들면서 건조한 공기에 기온의 일교차와 연교차가 큰

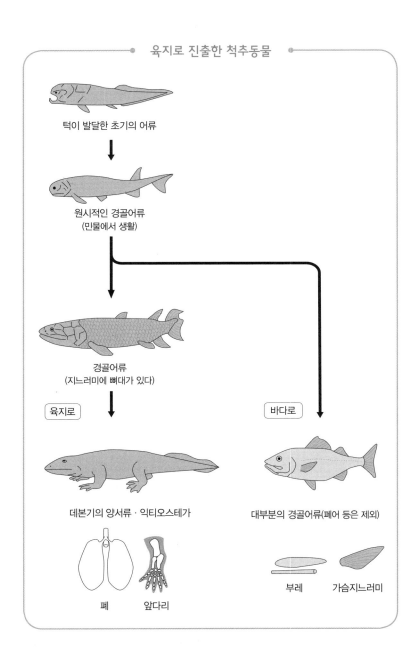

육지로 진출한 척추동물

턱이 발달한 초기의 어류

원시적인 경골어류
(민물에서 생활)

경골어류
(지느러미에 뼈대가 있다)

육지로

데본기의 양서류 · 익티오스테가

폐        앞다리

바다로

대부분의 경골어류(폐어 등은 제외)

부레      가슴지느러미

대륙성 기후로 변했다.

양서류가 살아가기에는 너무 가혹한 조건이었다. 피부도 얇고 항상 젖은 상태에서 피부호흡을 해야 하는 양서류들은 건조한 환경에 매우 취약하다. 게다가 양서류가 낳는 알은 배胚 부분이 젤리처럼 생긴 한천질로 둘러싸여 있어서 물속에서는 수분이 유지되지만, 물이 없으면 금세 말라비틀어지고 만다. 척박한 환경 속에서 양서류의 개체는 갈수록 줄어들었다. 그런데 이러한 가운데 일부 양서류들이 조건에 맞춰 신체 구조를 개선하며 진화를 시도한다. 물 없이도 살 수 있는 신체 구조를 가진 원시 파충류와 포유류의 전 단계인 단궁류單弓類(124쪽 참조)였다.

## 건조한 땅에서 살아남기 위한 조건

원시 파충류와 단궁류는 물이 있어야만 생존하는 양서류와 근본적으로 다른 세 가지 신체적 특징을 지니고 있다. 첫째, 이들은 태어나서 죽을 때까지 폐로만 숨을 쉰다. 알을 막 깨고 나온 유생幼生기에도 물속에서 살지 않기 때문에 물에 의존할 필요가 없다. 둘째, 양서류와는 달리 피부가 두꺼운 비늘로 덮여 있어서 수분이 잘 통과하지 않는다. 두꺼운 피부는 몸속의 수분 증발을 막고

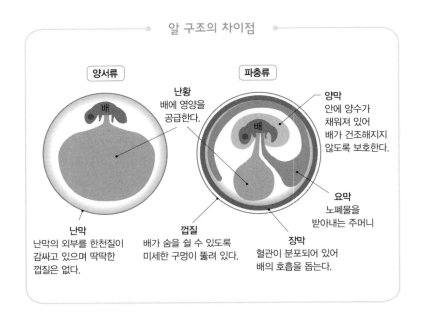

알 구조의 차이점

**양서류**

난황
배에 영양을
공급한다.

배

난막
난막의 외부를 한천질이
감싸고 있으며 딱딱한
껍질은 없다.

껍질
배가 숨을 쉴 수 있도록
미세한 구멍이 뚫려 있다.

**파충류**

양막
안에 양수가
채워져 있어
배가 건조해지지
않도록 보호한다.

배

요막
노폐물을
받아내는 주머니

장막
혈관이 분포되어 있어
배의 호흡을 돕는다.

체온을 유지할 수 있도록 도와준다.

셋째, 알이 딱딱한 껍질에 쌓여 있어 건조한 환경도 잘 이겨낼 수 있다. 체내수정을 하는 파충류는 배가 양막羊膜과 껍질의 보호를 받는 알을 낳아서 조건에 관계없이 육지라면 어디서나 산란이 가능하다. 이렇게 단단한 알 속에서 각각의 종에 해당하는 개체들이 온전하게 성장하고 나면 알을 깨고 밖으로 나온다. 파충류와 조류의 알은 모두 딱딱한 껍질로 되어 있다. 껍질 덕분에 건조한 환경은 극복했지만 한 가지 곤란한 문제가 있었다. 알 속에서 성장할 때 생겨나는 노폐물을 어떻게 처리할 것인가 하는 문제였다. 어류나 양서류는 얇은 막을 통해서 노폐물을 물속으로 내보낼 수 있지만, 껍질로 쌓인 알은 노폐물을 배출할 수 없다. 소변을 밖으로 내보내지 못하니 알 속의 어딘가에 저장해둘 수 밖에 없다.

사실 파충류와 조류의 소변과 양서류와 포유류의 소변에는 결정적인 차이점이 있다. 우리 인간의 소변은 물에 잘 녹는 요소尿素로 이루어져 있지만, 파충류와 조류는 요산尿酸으로 이루어져 있다. 요산은 냄새가 나지 않는 하얀색 결정으로 되어 있어 물에 거의 녹지 않고 독성이 약해서 알 속에 오래 보관해도 새끼에게 영향을 미치지 않는다. 이러한 차이로 중생대는 파충류의 전성시대가 되었다.

## 땅 위를
## 걷기 위해 생긴 발톱

## 육지 생활에 더욱 적합한 몸으로

'파충류爬蟲類'라는 글자의 한자를 하나씩 살펴보자. '파爬'는 '발톱으로 할퀴다', '땅을 기다'라는 뜻을 의미하는 문자의 조합이고, '충蟲'은 벌레를 의미한다. 말하자면 모든 '꿈틀거리는 생명체'를 가리키는 말에서 따온 명칭이다. 이것은 육지에 적응하며 진화해온 파충류 특유의 골격 및 걸음걸이와 관계있다.

우리 인간의 조상인 익티오스테가와 같은 원시 양서류의 발골격은 오늘날 인간의 손과 발을 이루는 골격과 거의 같다. 반면

원시 양서류의 경우, 인간의 위팔과 넙적다리에 해당하는 부분 (요골과 척골)은 몸통의 옆쪽에 나 있다. 이런 다리로는 중력에 저항하여 몸통을 일으켜서 걸을 수 없다. 네 다리 끝을 땅 위에 붙이고 서 있으려면 지느러미로는 부족하다. 발가락이 필요했다.

　파충류는 양서류보다 중력의 저항에 잘 적응했다. 몸통 옆으로 다리가 붙은 신체 구조는 원시 파충류와 양서류가 같지만, 발은 원시 파충류가 훨씬 더 발달했다. 가늘고 길면서도 유연하고 여기에 강인한 힘까지 갖추고 있었다. 땅 위를 걸으려면 발바닥과 지면 사이에 마찰 힘이 가해져야 한다. 이때 중요한 것이 4개의 다리에 붙어 있는 5개의 발가락이다. 파충류로 진화한 무리는 지면과의 마찰력을 늘리기 위해서 발톱이 발달했다.

대멸종 1
# 공룡과 함께 산 원시 포유류

## 페름기 말기의 대멸종

고생대 석탄기 후기에 원시 파충류와 단궁류가 출현한 이래로 원시 파충류들은 뱀과 거북이, 악어, 공룡 등으로 나누어져 진화했다. 그러나 고생대 페름기(2억 9900만~2억 5100만 년 전) 말, 그러니까 파충류와 단궁류가 번성하기 직전인 2억 5100만 년 전의 지층에서는 생명체의 화석이 거의 발견되지 않는다. 아마도 이 시기에 파충류와 단궁류뿐만 아니라 양서류, 곤충류, 바닷속 생물에 이르는 모든 생명체가 모습을 감춘 엄청난 규모의 멸종 사태가

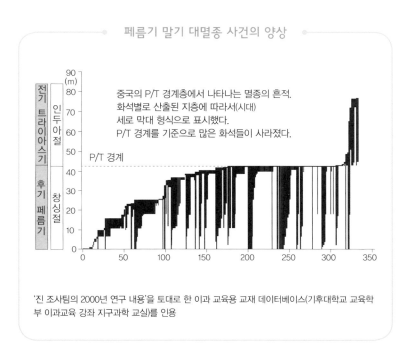

페름기 말기 대멸종 사건의 양상

중국의 P/T 경계층에서 나타나는 멸종의 흔적.
화석별로 산출된 지층에 따라서(시대)
세로 막대 형식으로 표시했다.
P/T 경계를 기준으로 많은 화석들이 사라졌다.

P/T 경계

전기 트라이아스기 · 인두아절
후기 페름기 · 창상절

'진 조사팀의 2000년 연구 내용'을 토대로 한 이과 교육용 교재 데이터베이스(기후대학교 교육학부 이과교육 강좌 지구과학 교실)를 인용

일어났던 것으로 추측된다(이를 'P/T 경계'라고 한다). 이 멸종 사태로 바다에 서식하는 무척추동물의 96퍼센트, 육상동물의 70퍼센트가 사라지고, 이와 동시에 양서류 번영의 시대는 막을 내린다. 지구 역사상 다섯 차례 정도의 대멸종 사태가 있었는데 페름기 말기의 멸종은 그중에서도 가장 규모가 컸다.

이때 대기 중의 산소 농도가 낮아지고 바다에서 급격한 산소 결핍 현상이 발생하는데, 바로 이것이 대멸종의 주요 원인으로 지목되고 있다. 당시의 퇴적층을 조사해보면 대부분 유기물이 분

해되지 않은 채 쌓여 검은빛을 띠고 있다. 그렇다면 산소의 농도가 낮아진 이유는 무엇일까? 가장 큰 이유는 광합성 생물의 활동에 문제가 생겼기 때문이다. 식물들은 햇빛을 제대로 받지 못하면 광합성을 할 수 없다. 햇빛이 차단된 이유로는 화산 폭발 가설이 제기되고 있다. 초대륙 판게아가 형성되는 과정에서 맨틀 속의 거대한 상승류로 대규모의 화산 폭발이 일어나 광합성 작용이 억제되었다는 것이다. 묵직하고 차가운 암석으로 이루어진 해양판이 판게아와 충돌할 때 밑으로 깔리면서 안으로 파고들어 가기 시작한다.

지하 깊숙이 있는 핵과 맨틀 경계선 부근까지 해양판이 밀려 들어가자 그 균열을 타고 안쪽에서 아주 뜨거운 온도의 맨틀이 한꺼번에 솟구쳤다. 바로 '슈퍼플룸super plume'이다. 거대한 불기둥이 뿜어져 나오면서 하늘은 화산재로 뒤덮였다. 가려진 태양 때문에 땅에는 햇빛이 닿지 않았다. 화산재와 함께 대량의 이산화탄소 배출로 지구가 뜨거워지고, 엎친 데 덮친 격으로 지하에 숨어 있던 많은 양의 메탄가스까지 대기 중으로 방출되었다. 메탄은 강력한 온실가스 중 하나다. 온난화가 가속화되면서 지구의 기온은 짧은 기간 급격하게 상승했다. 기온 상승은 바닷물의 움직임에도 영향을 미쳤다.

대멸종의 원인과 관련하여 다양한 가설이 존재해서 위의 가설이 사실이라고 단정 지을 수는 없다. 하지만 공교롭게도 P/T 경계가 생기던 그 무렵, 시베리아에서 과거 6억 년의 지구 역사상 가장 큰 화산 폭발이 일어난다. 방대한 양의 현무암질 용암이 분출되어 700만 제곱킬로미터에 이르는 넓은 지역으로 흘러들었다. 지금도 시베리아에는 80만 제곱킬로미터가 넘는 면적이 그 당시 분출된 '시베리아 홍수 현무암'으로 덮여 있다.

## 공룡의 그늘 아래서 살아남은 단궁류와 포유류

대멸종 사태 속에서도 파충류와 단궁류 일부가 기적적으로 살아남는다. 그리고 훗날 이들의 시대로도 일컬어지는 중생대까지 그 명맥을 유지하게 된다. 이처럼 우리 조상은 양서류에서 단궁류 그리고 포유류로 이어져 내려왔다.

2억 년 동안 지속된 중생대(2억 5100만~6600만 년 전)는 파충류의 시대이기도 하다. 중생대에는 지상을 지배한 공룡과 더불어 물속을 헤엄치는 어룡, 하늘을 나는 익룡도 출현했다. 일부의 공룡들은 무리를 지어 생활하거나 둥지를 짓고 그 안에서 새끼를 낳아 키웠다. 더욱이 깃털이 난 육식 공룡들의 흔적도 발견되었다. 깃털은 체온을 유지하는 역할을 했던 것으로 보인다. 공룡의 시대에는 단궁류의 후손인 포유류가 등장한다. 이 포유류들 가운데 바로 인간의 조상도 포함되어 있었다.


## 포유류의 조상, 단궁류란 무엇인가?


이름부터 생소한 단궁류는 우리에게 매우 낯선 동물이다. 한때 포유류형 파충류라고 불렸던 단궁류는 현재 새로운 학술적 주장들이 제기되면서 파충류와는 다른 독립적인 그룹으로 분류한다.

한마디로 말하자면 단궁류는 포유류의 조상이다. 두개골 관자놀이 근처에 측두창側頭窓이라는 구멍이 좌우로 하나씩 있고, 그 아래에 가느다란 활 모양의 뼈가 발달한 것이 특징이다. 이 활 모양의 뼈를 해부학적으로 '궁弓'이라고 불러서 단궁류라는 이름이 생겼다. 단궁류는 석탄기 후기에 출현하여 트라이아스기(2억 5100만~2억 년 전) 전기까지 기세가 대단했다. 그러나 트라이아스기 중기부터 후기에 악어와 공룡을 포함한 수많은 종류의 파충류가 번성하기 시작하면서, 조금씩 쇠퇴해가던 단궁류는 쥐라기(2억~1억 4500만 년 전) 전기로 접어들면서 대부분 멸종했다.

하지만 다행스럽게도 단궁류가 완전히 멸종하기 직전인 트라이아스기 후기에 그들의 일부가 포유류로 진화에 성공했다. 단궁

단궁류 디메트로돈Dimetrodon

몸길이 3.5미터

류는 몸통의 옆이 아닌 아래쪽에 다리가 있어서 체중을 효율적
으로 지탱하고 자연스럽게 걸을 수 있었다. 몸통 옆에 난 네 다리
로 꿈틀거리며 걷는 파충류와는 대조적인 모습이었다. 초기 단궁
류는 변온동물(체온이 외부 온도에 따라 변하는 동물)이었지만 점차
체온을 일정하게 유지할 수 있는 항온성을 갖췄다. 항온동물은
추운 날에도 활동할 수 있어서 생존에 매우 유리했다.

## 초기 인류는 공룡과 동시대에 살았을까?

최초의 포유류가 탄생하고 오늘날에 이르기까지, 포유류들은 오랜 진화의 역사를 지니고 있다. 그리고 그중 무려 3분의 2에 해당하는 시간을 공룡과 함께 살았다. 물론 인간은 공룡과 함께 산 적이 없다. 일부 사람들이 공룡이 활보하던 중생대 시절에 원시인이 함께 살았다고 생각했다. 공룡은 백악기(1억 4500만~6600만 년 전) 말인 6600만 년 전에 멸종했고 초기 인류는 그로부터 한참 후인 700만 년 전에 처음 등장한다. 그러므로 초기 인류와 공룡은 역사상 단 한 번도 마주친 적이 없다.

우리 주변에는 오랜 기간에 걸쳐 생명이 진화했다는 진화론을 부정하는 사람들이 있다. 이들은 지금으로부터 6000년 전, 신이 우주와 모든 생명체를 창조했다고 믿는다. 또한 이들은 신이 모든 것을 창조했다는 시기보다 더 먼 과거인 수천만 년 전에 지구에서 공룡이 살았다는 사실도 믿지 않는다. '미국에 형성되어 있는 동일한 연대의 지층에서 공룡과 인간의 발자국이 함께 발견되었다', '멕시코에서 수만 점에 달하는 공룡 모양의 토우가 발견되었다'라는 주장이 대표적이다. 이러한 사례를 들어 인류와 공룡이 같은 시기에 살았다고 이야기한다.

이러한 주장은 모두 사실이 아니다. 직접 조사한 연구자들에 따르면, 홍수 때 급류로 파인 구멍이거나 지면이 딱딱해서 3개의 발가락 중 한쪽만 찍힌 공룡의 발자국이었다. 더러는 일부러 조각해놓은 것들도 있었다. 공룡 모양의 토우도 사정은 크게 다르지 않다. 토우의 표면에 당연히 묻어 있어야 할 흙 속 염분이 검출되지 않은 데다가, 토우가 출토되었다는 지점에는 고의로 파묻은 흔적이 있었다. 현지를 조사한 연구자가 최근에 누군가 일부러 묻어 놓은 것이 확실하다고 지적하면서 토우 역시 해프닝으로 끝나고 말았다.

# 시조새는
# 새의 조상이 아니다

## 새는 공룡의 후손일까?

'초기 인류는 공룡과 동시대에 살았을까?'라는 질문에서 '네'
라고 답한 사람 중에 다음과 같은 주장을 믿는 사람들도 있을지
모르겠다. '공룡은 멸종한 것이 아니라 조류로 진화해 지금까지
우리와 함께 살고 있다.'

실제 학계에서도 소형 육식 공룡이 진화하여 조류가 되었다는
견해가 힘을 얻고 있다. 일부의 공룡 연구자들은 공룡이 살아남
아 조류로 진화했으므로 공룡은 멸종한 것이 아니라고 주장한다.

그러나 반대 입장도 만만치 않아서 지금 단계에서는 '조류는 공룡의 직계 후손' 정도로 정리하는 것이 가장 바람직해 보인다. 닭의 발을 감싼 피부를 한번 살펴보자. 비늘(각린)로 덮인 것이 얼핏 봐도 공룡의 발처럼 생겼다.

교과서에 실린 시조새의 화석 사진을 기억하는가? 한때는 파충류에서 시조새가 탄생하고, 그 시조새가 오늘날의 새로 진화했다고 믿었다. 시조새는 중생대 쥐라기의 화석이 발견되면서 세상에 알려지기 시작했다. 사람들은 화석 속 동물이 새의 조상일지도 모른다고 생각했고 '최초의 새의 조상'이라는 뜻을 담아 시조새라고 불렀다.

몸길이는 60센티미터 정도로 까마귀와 비슷하고 얼굴은 파충류와 닮은 모습이었다. 날개와 꼬리 쪽에서 조류의 상징인 깃털이 보였지만 입안에는 선명한 이빨이 있었다. 날개(앞다리)에는 발톱이 난 발가락이 있고, 긴 꼬리의 안쪽은 뼈로 이루어져 있었다. 몇 가지의 특징은 파충류와 비슷하지만 머리뼈의 구조나 깃털로 덮여 있는 몸은 조류에 가까웠다. 그래서 사람들은 오랜 기간 시조새를 파충류에서 조류로 넘어가는 중간종이라고 생각했다.

그러나 최근 깃털을 가진 다른 공룡의 화석이 연달아 발견되면서 원시 조류의 직계 후손은 백악기 중기에 출현한 생물이었음이 밝혀졌다. 시조새는 조류의 직계 조상이 아니었다.

호애친

## 시조새를 닮은 새, 호애친

비록 새의 조상은 아니지만, 시조새는 오늘날의 조류와 파충류의 중간적인 형질을 갖추고 있었다. 부리에서는 이빨이 자라고 날개 끝에는 발톱이 달린 조류와 파충류의 특징이 동시에 나타나는 동물이었다.

현재 지구상에 이빨 달린 부리와 발톱이 자라는 날개를 가진 새는 존재하지 않는다. 그런데 새끼 시절에만 잠깐 날개에서 발톱이 나는 새가 있다. 남아메리카의 울창한 정글 속, 아마존강 유역에 서식하는 호애친hoatzin이다. 호애친은 새끼 때 날개에서 2개의 발톱이 자란다. 발가락과 날개에 난 2개의 발톱을 이용해 나뭇가지 사이를 옮겨 다닌다. 일반적인 새끼 새들은 둥지 안에서 어미가 먹이를 가져올 때까지 기다리지만 새끼 호애친은 어미가 둥지를 벗어나면 갓 태어난 새끼들도 어미를 따라서 둥지 밖으로 나와 여기저기 나무 위를 돌아다닌다.

새끼 호애친의 날개에 난 발톱은 부화 후 2~3주가 지나면 사라진다. 새끼 때 나타나는 날개의 발톱 때문에 '살아남은 시조새가 아닌가?' 하는 주장도 나왔지만, '원시적인 새의 형태'라는 주장은 현재 받아들여지지 않고 있다. 나무 위 생활에 적응하기 위해서 생겨난 2차적인 형질에 지나지 않다고 보는 것이 일반적이다.

# 대멸종 2
# 포유류 등장, 공룡 멸종

## 백악기 말기의 대멸종

중생대가 막을 내리자 2억 년이라는 긴 시간 동안 번영을 누리던 대형 파충류들은 대부분 멸종해버렸다. 동시에 바닷속에서는 암모나이트가 사라졌다. 전 지구에 걸쳐 대규모의 환경 변화가 일어났음을 짐작할 수 있는 부분이다. 바로 백악기 말기에 일어난 대규모의 멸종 사태였다. 멸종의 원인과 관련해서는 수많은 가설이 제기되었다.

멸종의 원인으로 제기된 가설 중에는 '운석 충돌설'이 가장 유

K/T 경계

고제삼기

백악기

K/T 경계

명하다. 지구와 거대한 운석의 충돌로 육지에서는 대규모 화재가 발생하고, 엄청난 양의 분진이 하늘을 뒤덮어 햇빛이 차단되어 심각한 기온 저하를 불러왔다는 주장이다. 백악기와 고제삼기(6600만~2300만 년 전)의 지층을 보면 경계선이 나타나는데, 이것을 각 지질 시대의 앞글자를 따 'K/T 경계'라고 한다. K/T 경계 부분에는 전 세계에서 공통적으로 얇은 점토층이 확인된다. 이 점토층에서 고농도의 이리듐이 검출되었다. 이리듐은 지구의 아주 깊숙한 지하에만 제한적으로 존재하는 원소다.

그런데 외계의 운석에는 다량의 이리듐이 포함되어 있다. 일부

학자들은 K/T 경계에 나타난 이리듐을 근거로 운석 충돌설을 제기했다. 지구와 운석의 충돌로 전 세계에 이리듐이 퍼졌다고 생각했다. 물론 운석 충돌과 공룡의 멸종은 무관하다고 보는 학자들도 적지 않다. 이들은 페름기 말기에 있었던 멸종처럼 '대규모의 화산활동'이 주요 원인이라고 주장한다. 공룡이 먹지 못하는 '속씨식물의 증가'를 멸종의 원인으로 지적하는 학자들도 있다.

공룡시대의 포유류는 야행성 동물이었다. 몸집은 오늘날의 쥐와 비슷했고, 주로 곤충들을 잡아먹었다. '공룡의 시대'라고는 하지만 개체 수는 포유류가 공룡보다 훨씬 많았다. 작은 몸집의 야행성 동물인 포유류는 몸을 숨기기에 유리했다. 또한 기온의 영향을 받지 않고 체온을 유지하는 항온동물이어서 추운 날씨에도 잘 버틸 수 있었다.

이와 같은 유리한 특성들 덕분에 엄청난 환경의 변화 속에서도 포유류는 끝까지 살아남을 수 있었다. 필자가 학창 시절 공부한 내용 중에 지금도 기억나는 인상 깊은 주장이 있다. 포유류가 공룡의 알을 모두 먹어치우는 바람에 공룡이 멸종했다는 주장이다. 포유류의 등장으로 공룡이 멸종했다는 말인데, 꽤 일리 있다는 생각이 든다. 공룡 멸종의 비밀이야말로 누구나 한 번쯤 풀어보고 싶어 하는 태곳적 신비의 수수께끼다.

## 포유류의 번성

포유류의 조상은 중생대 트라이아스기에 처음 출현했다. 그 후 백악기로 접어들면서 현재의 유대류有袋類(캥거루 외)와 단공류單孔類(오리너구리 외), 진수류眞獸類(유대류와 단공류를 제외한 포유류)의 조상이 등장한다. '포유류哺乳類'라는 이름은 유선에서 분비되는 젖을 먹여 새끼를 키운다는 뜻에서 유래했다. 포유류를 '짐승'이라고도 하는데, 필자는 학생들이 쉽게 이해할 수 있도록 '털로 덮여서 짐승이라고 부른다'라고 설명한다. 몸에 난 털은 체온을 유지하는 역할을 했다.

진화 과정에서 포유류들은 점차 몸집이 커졌고, 낮에 활동하는 주행성 포유류도 나타나기 시작했다. 체온을 유지하는 항온 능력, 배 속에서 새끼를 키우는 태생胎生 능력, 태어난 새끼에게 젖을 먹이는 포유 능력, 포유류가 가진 이 세 가지 능력은 지상 어디에서나 종족을 퍼트릴 수 있는 포유류만의 강한 무기였다. 백악기 말에 공룡을 포함한 대형 파충류가 멸종한 이후 신생대부터는 점차 기온이 떨어지고 건조한 날씨가 계속되었다. 냉혹한 환경에서도 자신의 능력을 살려 개체 증가에 성공한 포유류는 지구 곳곳으로 세력 범위를 넓혀갔다.

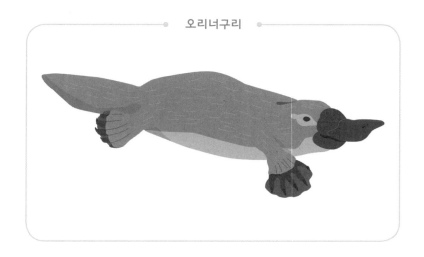

오리너구리

## 동물학자를 놀라게 한 오리너구리

1798년 유럽의 동물학자들은 엄청난 혼란에 빠졌다. 호주에서 보낸 동물표본 때문이었다. 몸길이 45센티미터, 꼬리 15센티미터의 이 동물은 집오리처럼 긴 부리에 발에는 물갈퀴가 달려 있었다. 꼬리는 비버처럼 길고 넓적한 모양에 온몸은 털로 뒤덮여 있었다. 이 동물을 처음 접한 대다수 학자는 그런 동물이 존재할 수 없다며 무시했다. 하지만 동물표본을 자세히 확인해보니 실제로 존재하는 동물이었다. '오리너구리'라는 이름의 이 동물은 호주 동부 지역과 태즈메이니아섬 일대의 극히 제한된 지역에서만 서식하는 동물이다.

오리너구리는 물갈퀴로 물속을 자유로이 헤엄쳐 다니며 가재나 지렁이, 조개 등을 잡아먹으면서 생활한다. 수컷의 경우, 뒷다리에 며느리발톱처럼 생긴 독침이 달려 있어서 외부의 적이나 다른 수컷을 공격할 때 사용한다. 오리너구리는 배설기관과 생식기관이 따로 나뉘어 있지 않고 하나로 합쳐진 '총배설강'을 가진다. 다시 말해 똥과 오줌, 알이 모두 하나의 총배설강에서 나온다. 이렇게 구멍이 하나라서 '단공류'라고 불린다. 오리너구리뿐만 아니라 파충류와 조류 그리고 가시두더지도 단공류로 분류된다.


## 포유류의 육아 활동


어미 오리너구리는 물가의 둑이나 그 주변에 파놓은 둥지에서 알을 낳고 따뜻하게 품어서 부화시킨다.

알을 깨고 나온 새끼는 어미의 젖을 먹으며 자란다. 그런데 오리너구리에게는 젖꼭지가 없다. 새끼들은 젖꼭지 대신 어미의 배 피부 위로 발달한 유선에서 조금씩 나오는 젖을 빨며 성장한다. 이처럼 오리너구리는 털로 덮인 몸과 젖을 먹이는 육아 방식 때문에 포유류로 분류된다. 원시 포유류들은 오리너구리와 마찬가지로 알을 낳았던 것으로 보인다. 오리너구리와 가시두더지는 포유류가 태생을 하기 전 단계인 원시적인 포유류의 모습을 오늘날까지 유지하고 있는 동물이다. 오리너구리 외에도 호주에는 캥거루나 코알라 등의 유대류 동물들도 많이 서식한다. 유대류는 새끼를 낳지만 진수류만큼 태반이 발달하지 않아서 체중이 몇십 킬로그램씩 나가는 캥거루의 새끼는 고작 1그램 정도밖에 안 된다. 1그램이면 10원짜리 동전 1개와 비슷한 무게다. 새끼 캥거루는 태어나자마자 어미의 몸을 기어올라 '육아낭育兒囊(새끼주머니)' 속으로 들어간다. 그리고 그 안에 있는 유두로 젖을 먹으며 자란다.

우리 인류의 조상은 진수류다. 알을 낳는 포유류의 화석 중에서 가장 오래된 것이 약 2억 2000만 년 전의 것이다. 진수류의 화석이 1억 2000만 년 전의 지층에서 발견되었으니, 포유류가 출현하고 태반을 갖기까지는 무려 1억 년이라는 시간이 걸렸다.

# 나무 위 생활로
# 진화한 손, 발, 눈

## 영장류의 조상은 원시 식충류

인간은 동물학적으로 포유류 중 영장류에 속한다. 같은 영장류인 원숭이는 다른 포유류와는 달리 손과 발로 사물을 움켜쥘 수 있다. 나무 위 생활을 하기 위해서는 꼭 필요한 능력이다. 엄밀히 말해 원숭이에게는 4개의 발이 아닌 4개의 손이 있는 셈이다. 손과 발의 엄지가 다른 4개의 손가락과 마주 보는 형태로 되어 있어서 인간만큼 손재주가 좋지는 않아도, 사물을 잡는 능력은 뛰어나다. 뇌가 크게 발달한 것도 원숭이의 특징이다. 그렇다면 이

러한 특징을 지닌 원숭이의 진화 과정은 과연 어땠을까? 영장류의 조상은 백악기 말기에 출현한 원시 '식충류食蟲類'로 거슬러 올라간다. 현생의 동물 중에서는 소형 동물인 나무두더지와 비슷한 모습이었을 것으로 추정된다. 나무두더지는 동남아시아의 숲속에 서식하며 다람쥐 정도의 크기다.

언뜻 보면 쥐와 흡사한 모습이어서 '나무땃쥐'라고도 불렸다. 주로 곤충을 잡아먹거나 나무 열매를 따 먹으면서 산다. 설치류의 특징인 앞니가 없는 대신에 작은 이가 여러 개 나 있다. 그래서 예전에는 두더지의 한 종류인 식충류로 분류되기도 했다. 나무두더지는 원숭이들과는 다르게 '갈고리발톱'이라는 휘어진 모양의 발톱이 발가락 끝에서 자란다. 학자들은 이 발톱 때문에 나무두더지를 원숭이의 친척으로 분류해도 좋은지 고민했다고 한다. 한편 나무두더지의 엄지발가락은 원숭이처럼 나머지 4개의 발가락과 마주 보는 형태다. 원숭이의 친척들에게서 나타나는 주요 특징 중 하나다. 나무두더지의 머리뼈도 원숭이들과 매우 흡사하다. 일부 학자들은 이를 두고 나무두더지를 원시적인 형태의 원숭이 친척으로 판단해 영장류로 분류해야 한다고 주장했다.

이렇게 식충류와 영장류를 오가던 나무두더지는 현재 나무두더지목이라는 독립적인 계통으로 분류되고 있다. 나무두더지는 여러 계통의 포유류들이 가진 특징을 모두 갖추고 있다. 또한 진수류로 분류되는 포유류 가운데 가장 원시적인 모습을 유지해온 동물이다. 과거 공룡이 세상을 지배하던 시절, 나무두더지와 비슷한 모습을 한 포유류들은 공룡의 눈에 띄지 않도록 몸을 숨기며 조심스럽게 생활했다. 급기야 나무두더지를 닮은 원시 식충류들은 나무 위로 터전을 옮겼고, 나무 위의 생활에 적응하며 진화한 이들로부터 훗날 영장류가 탄생했다.

## 영장류의 등장과 진화

중생대 백악기가 끝나고 6500만 년 전부터 현대에 이르는 신생대가 시작되었다. 신생대를 더 세분화하면 과거에서부터 순서대로 고제삼기·신제삼기·제사기의 세 시대로 나눌 수 있다. 신생대는 특히 포유류와 조류가 번성한 시기였다. 영장류는 백악기 말기에 있었던 대멸종 이후에 출현했다. 이후 신생대를 거치면서 고릴라, 오랑우탄, 침팬지 등의 대형 유인원(영장류 중에서도 가장 진화한 동물. 인류와 비슷한 크기에 꼬리가 없고 몸을 일으켜 뒷다리로 걷는다)과 인간으로 진화했다.

신생대는 속씨식물의 시대였다. 속씨식물이 터전을 잡은 신생대의 숲은 중생대의 겉씨식물로 채워진 풍경과는 사뭇 달랐다. 꽃과 과실들로 가득했고 새로운 곤충들이 더욱 많아졌다. 원시 영장류는 이렇게 달라진 숲속의 나무 위에서 열매와 곤충을 주식으로 생활했다. 풀을 뜯는 초식 포유류와는 달리 열매나 곤충을 먹는 원시 영장류에게는 음식을 씹기 위한 강한 어금니나 소화기관이 필요하지 않았다. 마찬가지로 육식동물의 무기인 송곳니와 발톱, 강인한 근육과 뼈 없이도 먹이를 구하는 활동을 하는 데 아무런 지장이 없었다.

숲속 나무 위에서 생활한 영장류는 맹수의 습격에도 안전해서 빠른 네발도 그다지 필요치 않았다. 이러한 생활환경의 영향으로 원시 영장류는 조상인 식충류와 크게 다르지 않은 모습을 유지하며 살아갈 수 있었다. 대신 나무 위의 생활에 필수적인 붙잡거

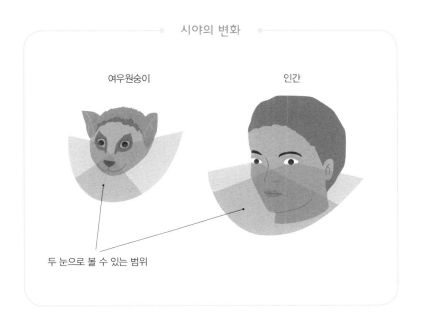

시야의 변화

여우원숭이

인간

두 눈으로 볼 수 있는 범위

나 매달리는 기술 그리고 나무 사이를 뛰어넘는 능력이 발달했다. 이들은 개나 말처럼 네 다리를 가진 동물과 비교하면 손과 발을 자유자재로 움직일 수 있었다. 이러한 자유로운 손과 발에 사물을 움켜쥐는 악력이 더해졌다. 앞다리의 엄지발가락은 짧아지고 나머지 네 발가락은 안으로 깊이 말아 쥘 수 있도록 진화한다.

나무 위에서 나뭇가지 사이를 자유롭게 돌아다니려면 감각기관, 그중에서도 눈의 역할이 매우 중요하다. 손으로 나뭇가지나 먹이를 제대로 잡기 위해서는 두 눈으로 하나의 사물을 포착할 수 있는 입체시立體視를 갖춰야 한다. 이를 위해 두 눈이 앞을 향하도록 전방으로 옮겨오면서 양쪽 눈 사이에 시야가 서로 겹쳐져 대상을 또렷하게 인식하고, 사물과의 정확한 거리를 파악할 수 있게 되었다.

## 숲속 생활로 발달한 색채감각

유인원들은 주로 속씨식물의 열매나 잎사귀를 따 먹는다. 열매가 제대로 익지 않았을 때는 푸른색을 띠지만 완전히 여물면 붉은색 등 다른 색으로 변한다. 잎사귀도 마찬가지다. 피어난 지 얼마 안 된 연한 녹색의 새순부터 한여름의 검푸른 잎사귀까지 계절에 따라 색깔이 미묘하게 달라진다.

사물을 구별하는 색채감각은 숲속 생활에서 대단히 중요하다. 초기의 척추동물은 파란색, 보라색, 빨간색, 녹색의 네 가지 색깔을 구별하고 여기에 밝고 어두운 명암을 감지하는 총 다섯 가지의 시물질視物質을 가지고 있었다. 야행성 포유류는 진화 과정에서 보라색과 녹색의 시물질이 사라져 나머지 두 가지 색깔만 인지할 수 있게 되었다. 이후 유인원으로 진화하면서 빨간색 시물질에서 녹색 시물질을 생성해내 인지할 수 있는 색깔이 세 가지로 늘었다. 유인원들은 삼원색의 조합으로 세상의 모든 다양한 색깔들을 구별할 수 있었다. 영장류는 정확한 판단과 민첩한 행동을 위해 여러 감각을 발달시켰고, 이와 함께 뇌가 크게 발달했다. 700만~600만 년 전에 등장한 침팬지와 인류 공통 조상의 뇌 크기는 현재의 침팬지와 비슷한 수준이었다. 현대인의 뇌와 비교하면 3분의 1 크기지만, 비슷한 체격의 다른 동물들과 비교했을 때는 큰 편이었다.

원숭이 친척 동물의 진화 과정을 살펴보면 인간이 지닌 대부분의 신체적 특징은 원숭이 시절부터 갖춰졌음을 알 수 있다. 포유류 영장목은 크게 안경원숭이류, 여우원숭이류 등이 속한 '원원原猿'과 그 외의 원숭이류와 유인원이 속한 '진원眞猿'으로 나뉜다. 이 가운데 진원류가 바로 유인원의 조상이다.

## 아름답고 신비로운 화석의 발견

2007년 7월, 노르웨이 오슬로대학교의 고생물학자인 요른 후
럼Jørn Hurum 박사는 '이다Ida'라는 이름의 화석을 입수했다. 보존 상
태가 워낙 좋아서 전신의 골격을 모두 확인할 수 있는 영장류 화
석이었다. 우에노 국립과학박물관의 전시 〈척추동물이 걸어온
길, 생명의 놀라운 활약 특별전〉의 전시도록에 실린 '이다, 그 기
묘한 발견 스토리'에서 후럼 박사는 화석 입수와 관련해 다음과
같이 회고했다.

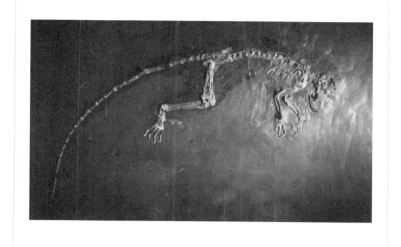

　2006년에 독일 함부르크에서 열린 〈광물·화석 전시회〉에서 후럼 박사는 화석 딜러에게 한 장의 사진을 건네받았다. 지금까지 알려진 화석 가운데 가장 오래되고 전신의 골격이 모두 담긴 4700만 년 전의 영장류 화석이었다. 후럼 박사는 3명의 독일인 전문가와 2명의 미국인 고생물학자가 함께하는 화석 조사팀을 꾸렸다.

　조사팀은 화석을 입수한 2007년 7월부터 화석 속의 동물과 인류의 연결고리를 밝혀내기 위해 본격적인 조사 작업에 착수했다. 화석에 남겨진 손과 발의 구조상 '사물을 움켜쥐기에 적합한 손'

을 가진 영장류였다. 골반의 모양으로 미루어 보아 화석의 주인은 암컷이었다. 엑스레이 사진을 촬영했더니 손목 부분에서 골절의 흔적이 나타났다. 죽음의 원인을 예측할 수 있는 흔적이었다. 치아는 유치와 영구치를 모두 가지고 있었다. 아마도 젖을 뗀 지 얼마 되지 않은 생후 6개월에서 1년 사이의 어린 영장류인 것 같았다. 인간으로 치면 9세 정도의 나이였다. 후럼 박사는 당시 5세인 자신의 딸을 떠올리며 화석의 이름을 '이다'라고 지었다.

이다의 치아 구조는 나무 열매나 잎사귀를 주식으로 곤충들을 잡아먹는 데 적합해보였다. 소화기관에 남아 있던 내용물들도 이러한 추측을 뒷받침해주었다.


## '이다'의 정체

그렇다면 이다는 영장류 중 어느 그룹에 속할까? 여우원숭이에 가깝다는 의견도 있었지만, 여우원숭이에게서 나타나는 털 고르기용 갈고리발톱과 아래턱에 있는 참빗 모양의 치열이 발견되지 않았다. 또한 여우원숭이와는 다르게 얼굴이 짧고 눈은 인간처럼 정면을 향하고 있었다. 이다는 갈고리발톱 대신 며느리발톱이 자랐으며 치아는 영장류와 매우 비슷했다. 손발에 각각 5개의 손가락이 붙어 있었고 인간처럼 엄지손가락이 나머지 4개의 손가락을 마주 보는 형태였다. 조사를 마친 후럼 박사는 2009년 발표한 논문에서 '이다'는 인간과 직접적으로 이어지는 진원류라고 주장했다. 발표 후 텔레비전 프로그램과 저서, 미디어까지 가세하여 엄청난 화제를 불러 모았다.

그러나 현재는 오늘날의 여우원숭이와 비슷한 아다피스Adapis류로 분류되어 인간의 직접 조상이라는 주장은 인정받지 못하고 있다. 하지만 후럼 박사는 여전히 자신의 주장을 굽히지 않고 있다.

전시 도록에 실린 후럼 박사의 발굴사 마지막 부분에는 다음과 같은 구절이 적혀 있다.

"지난 5년 동안은 마치 아무런 진전 없는 테니스 시합의 선수가 된 느낌이었다. 내게 반대하는 과학자들은 수많은 잡지를 통해 의견을 내놓지만 그 누구도 자신의 고집을 꺾으려 하지 않는다. 이다는 변함 없이 역사상 가장 완벽한 영장류 화석이다. 그녀의 아름다움을 부정 하는 이는 없다. 그녀의 모습은 전 세계 모든 교과서에 실려 있다. 그 러나 이다에 대한 논쟁은 아직 끝나지 않았다."

(다케이 마리武井摩利 옮김)

# 인간과 유인원의 갈림길

## 공통의 조상에서 갈라진 시기는 언제일까?

많은 연구자가 고릴라와 오랑우탄, 침팬지 등의 대형 유인원과 우리 인간의 조상이 언제부터 갈라져 나왔는지 그 시기를 밝히고자 노력해왔다. 최근 학계에서는 화석과 DNA의 분석(유전자 단계의 연구) 작업을 통해 나뉘어진 시기를 다음과 같이 추정하고 있다.

- 1300만 년 전, 인간의 조상이 오랑우탄과 공통의 조상에게서 갈라

져 나왔다.

- 800만 년 전, 인간의 조상이 고릴라와 공통의 조상에게서 갈라져 나왔다.
- 700만~600만 년 전, 인간의 조상이 침팬지와 공통의 조상에게서 갈라져 나와 호모 사피엔스로 진화했다.

공통의 조상에게서 언제 갈라져 나왔는지 그 시기는 아직 명확하지 않다. 이는 연구 방식에 따라 추정 시기가 모두 달라서다. 머리뼈 화석을 비교 분석하는 연구자들은 침팬지가 인간보다 고릴라에 가깝다며 반론을 펼치기도 한다. 하지만 최근 발표한 연구에 따르면 머리뼈를 제외한 근육과 섬유조직 등 종합적인 측면에서 비교했을 때 침팬지는 고릴라보다 인간에 가깝다는 것이 증명되었다. 학계도 이 주장에 힘을 실어주고 있다.

1932년, 1300만 년 전의 지층에서 라마피테쿠스Ramapithecus라는 유인원의 화석이 발견되었다. 라마피테쿠스는 한때 인류의 직계 조상으로 알려졌지만, 연구가 진행되면서 오랑우탄의 조상으로 밝혀졌다. 즉 인간과 오랑우탄 공통의 조상으로부터 나누어져 오랑우탄 쪽으로 진화한 것이 바로 라마피테쿠스였다.

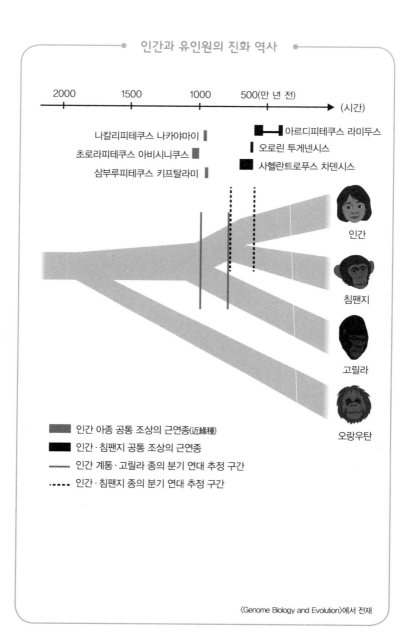

인간과 유인원의 진화 역사

2000   1500   1000   500(만 년 전)

(시간)

나칼리피테쿠스 나카야마이
초로라피테쿠스 아비시니쿠스
삼부루피테쿠스 키프탈라미

아르디피테쿠스 라미두스
오로린 투게넨시스
사헬란트로푸스 차덴시스

인간

침팬지

고릴라

오랑우탄

인간 아종 공통 조상의 근연종(近緣種)
인간·침팬지 공통 조상의 근연종
인간 계통·고릴라 종의 분기 연대 추정 구간
인간·침팬지 종의 분기 연대 추정 구간

〈Genome Biology and Evolution〉에서 전재

# 단 1퍼센트, 침팬지와 인간 게놈의 차이

## 완전한 게놈 해독으로 밝혀진 사실

인간과 침팬지는 약 700만 년 전에 별도의 종으로 갈라져 나온 것으로 추정한다. 나뉜 지 얼마 지나지 않은 시기에는 인간과 침팬지의 유전자 정보가 같았지만, 별도의 종으로 나뉘고 진화를 거듭하며 조금씩 유전자 정보에 차이가 생기게 되었다. 예를 들어, 인간의 세포에는 1번부터 22번까지 22종류의 염색체와 여기에 성염색체라고 불리는 X염색체와 Y염색체를 더한 24종류(총 46개)의 염색체가 존재한다. 하나의 쌍을 이루는 2개의 성염색체

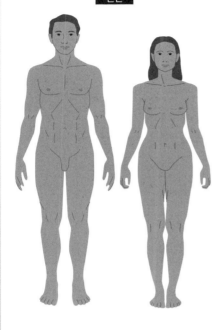

인간

침팬지

| 남자 | 여자 | 수컷 | 암컷 |
|---|---|---|---|
| 22종류의 염색체 (44개) | 22종류의 염색체 (44개) | 23종류의 염색체 (46개) | 23종류의 염색체 (46개) |
| + | + | + | + |
| 성염색체 XY | 성염색체 XX | 성염색체 XY | 성염색체 XX |

는 남녀가 서로 달라서 여성은 2개의 X염색체를(XX), 남성은 X염색체와 Y염색체를 각각 하나씩 가진다(XY). 염색체에는 4종류의 염기에 따른 유전자 정보가 기록되어 있다. 침팬지는 1번부터 23번까지 23종류의 염색체와 X염색체, Y염색체를 가진다. 성염색체의 경우 암컷은 XX, 수컷은 XY이다.

다시 말해 인간 여성은 44+XX, 인간 남성은 44+XY, 침팬지 암컷은 46+XX, 침팬지 수컷은 46+XY로 구성된다. 이처럼 인간과 침팬지는 서로 다른 개체로서 독자적으로 진화했다.

2002년에는 인간 게놈의 염기 서열 구조를 모두 밝히는 데 성공했다. 게놈이란 유전자와 염색체를 아우르는 DNA의 모든 유전자 정보를 말한다. 인간과 가장 가깝다는 침팬지의 게놈과 인간의 게놈을 비교한 결과 침팬지와 인간의 전체 유전자 정보가 99퍼센트 일치한다는 결론을 얻었다. 게놈 해독에 성공했다고는 하지만 단백질을 만들어내지 못하는 유전자도 많아서 단순하게 비교할 수는 없다. 그렇지만 직접적인 비교가 어려운 부분을 제외한 나머지 게놈에서는 99퍼센트 일치한다는 사실을 확인했다. 아무리 그래도 겨우 1퍼센트 차이라니, 흔히 하는 우스갯소리로 '원숭이는 인간보다 털이 세 가닥 모자란다'는 말이 있는데, 1퍼센트면 딱 그 정도의 차이가 아닐까?

## 게놈 1퍼센트의 차이는 크다

생물의 전체 유전자 정보는 염기라는 분자로 구성되어 있다(염기는 쌍을 이룬다). 이러한 염기쌍을 글자에 비유하면, 유전자 1개는 하나의 문장에 해당한다.

그러므로 인간과 침팬지의 유전자는 30억 개의 글자가 적힌 아주 두꺼운 한 권의 책이라고 생각하면 이해하기 쉬울 것이다. 이화학연구소를 중심으로 한 국제 공동 연구팀은 2004년 5월 27일자 〈네이처〉에 '인간과 침팬지 간 게놈의 차이는 불과 1퍼센트지만, 몸속에서 작용하는 유전자의 경우 약 80퍼센트가 다르다'는 내용의 연구 논문을 발표했다. 연구팀은 인간의 21번 염색체와 이에 해당하는 침팬지의 22번 염색체를 분석했다. 그 결과 염기 서열에서 글자가 다른 부분은 1.44퍼센트였다. 그러나 인간과 침팬지 사이에 직접적인 비교가 가능한 231개의 유전자를 비교했더니, 단백질을 구성하는 아미노산 중에 1개 이상 차이가 나는 것이 약 80퍼센트에 달했다고 한다.

다시 말해 이는 다른 글자 하나 때문에 단백질의 지정 원리에 차이가 생기면서 전혀 다른 단백질이 만들어진다는 의미다.

'인간다움'의 기원을 찾기 위해 게놈의 비교 분석 연구가 시도되고 있지만 그리 간단한 문제는 아닌 모양이다. 현재도 대뇌의 주름을 만드는 유전자 영역의 연구가 세계 곳곳의 많은 연구진을 통해 한창 진행 중이다.

## 털 없는 원숭이, 인간

누가 머리숱이 가장 많을까?

원숭이는 인간보다 털이 세 가닥 모자란다는 말이 있다. 사실 이것은 원숭이의 머리가 인간보다 나쁘다는 의미로 사용되는 말이라고 한다. 그러나 한눈에 봐도 알 수 있듯이 인간보다는 원숭이의 털이 훨씬 많다. 여기서 1제곱센티미터당 자라는 털의 개수가 각각 몇 개인지 확인해보자.

인간의 등과 가슴 부분에는 일반적으로 0~1가닥 정도의 털이 나지만, 오랑우탄은 100가닥 이상, 침팬지는 50가닥의 털이 난다. 긴팔원숭이의 경우에는 배에 난 털이 무려 1700가닥에 달한다. 몸 전체에 난 털로 비교하면 원숭이가 인간에 비해 압도적으로 많다(굵기도 상당히 다르다-감수자). 그래서 인간을 보고 두꺼운 모피를 잃어버린 '털 없는 원숭이'라고 부르기도 한다. 영국의 동물학자인 데즈먼드 모리스Desmond Morris가 1967년 발표한 저서《털 없는 원숭이The Naked Ape》는 당시 베스트셀러에 오르며 큰 인기를 끌었다.

이 책에서 저자는 우리 인간을 무엇이든 닥치는 대로 먹어치우려고 하는 '악식惡食의 원숭이'이자 다른 포유동물에게서는 좀처럼 볼 수 없는 동족 살해를 아무렇지도 않게 자행하는 '증오의 원숭이'라고 표현했다. 이러한 저자의 인간관은 당시 많은 논쟁을 불러일으켰다.

원숭이에게 털의 개수로는 밀렸지만, 머리숱만큼은 고릴라를 제외한 다른 유인원들보다 인간이 훨씬 앞선다. 인간은 1제곱센티미터당 약 300가닥의 머리카락이 자라는 데 비해, 침팬지는 100가닥, 오랑우탄은 150가닥 정도 난다. 단 고릴라는 약 400가닥으로 인간보다 조금 더 많다. 소형 유인원인 긴팔원숭이도 머리숱이 상당히 많은 편이다. 마운틴고릴라는 해발고도가 높고 추운 기후에서 살기 때문에 체온을 유지할 수 있도록 온몸이 빽빽한 털로 덮여 있다. 가장 많은 머리숱의 주인공은 되지 못했지만 인간의 머리카락 수명은 보통 2~5년 정도고, 한 달에 약 1센티 미터 정도 자란다. 5년이면 무려 60센티미터다. 머리카락의 길이 와 수명으로 보면 원숭이의 털에 비해 인간의 머리카락이 얼마 나 특별한지 알 수 있다.

## 세 가닥의 털에 얽힌 말장난

원래 인간은 숲속에서 살던 동물이었다. 그러다 서서히 숲을 벗어나 강렬한 태양이 내리쬐는 초원으로 삶의 터전을 옮겼다. 생활환경이 바뀌자 더위를 견뎌낼 수 있도록 몸에 난 털이 자라 지 않으면서 점차 '털 없는 원숭이'로 변해갔다. 하지만 예외적으 로 남겨진 털은 오히려 다른 동물의 털보다 훨씬 강하게 발달했 다. 머리카락은 부상을 막고 머리를 보호하는 역할을 했다. 얼굴 과 배에 나던 털이 줄어드는 대신 머리카락이 더욱 강해진 것으 로 보인다. 이러한 경향은 원숭이와 유인원을 비교해보면 쉽게 알 수 있다. 유인원에 가까워질수록 얼굴에 나는 털이 현저히 줄 어든다.

앞서 이야기한 '세 가닥의 털'을 키워드로 인터넷에 검색을 해 보았더니 세 가닥의 털은 '분별력', '자비심', '성취감'을 뜻한다는 말장난 같은 게시물 하나가 눈에 띄었다. 확실히 이 세 가지는 침팬지보다 인간이 우수한 것 같다. 침팬지의 인지능력은 인간과 비교하면 매우 낮은 수준이다. 현재에 대한 인식은 가능하지만, 과거를 돌아보거나 미래를 내다보지는 못한다. 그들은 지금 당장 눈앞의 일만 생각한다. 나와 내 동료들에게는 과거에서 미래로 이어지는 '삶'이라는 것이 존재한다. 이러한 삶에 대해 인식하지 못한다면 내가 아닌 다른 존재에게 친절함이나 자비심을 베풀 수 없다.

이러한 이유로 우리 인간은 보통 원숭이에게는 분별력이나 자비심, 성취감 등의 감정이 없을 거라고 믿는 경향이 있다. 하지만 2013년 1월 미국에서 발표한 연구 결과에 따르면, 침팬지들에게도 '평등의 개념'(자신이 가진 것을 다른 침팬지들과 나누고자 하는 마음)이 있다고 한다. 그저 눈에 보이는 먹이를 탐내기만 하는 것이 아닌, 동료와 함께하는 협력의 의미와 평등의 개념이 무엇인지 침팬지들도 잘 이해하고 있다.

# Part 3
· · · · · · · · · ·

# 신비로운
# 생명 탄생 이야기

## 생명의 근원인 유기물은 어디서 왔을까?

지구 최초의 생물은 원시 지구의 바다에서 탄생했다. 프랑스의
화학자이자 미생물학자인 루이스 파스퇴르Louis Pasteur는 19세기
후반에 '모든 생명체는 각 개체의 부모로부터 태어나며, 자연 발
생이란 절대로 있을 수 없다'는 사실을 증명했다.

이전까지는 과학자를 포함한 대다수 사람이 '자연발생설'을
믿었다. 어떤 미생물들은 흙이나 물, 심지어는 고깃국 같은 수프
에서 자연적으로 발생할 수 있다고 생각했다. 자연발생설이 부정

당하자 '그렇다면 생물은 대체 어떻게 태어났는가?' 하는 문제가 큰 쟁점이 되었다.

1920년대에 당시 소련의 생화학자였던 알렉산드르 오파린 Aleksandr Ivanovich Oparin이 원시 지구의 바다는 유기물을 가득 머금은 '원시 수프'였다고 주장한다. 원시 수프 안에서 화학반응을 거듭한 유기물이 서서히 복잡한 화합물로 바뀌면서 다른 유기물들과 상호작용을 하는 조직으로 진화하여 생명이 탄생하게 되었다는 가설이었다. 생명의 기원을 설명하는 가설 중 하나인 '화학진화설'이다.

오늘날 생물의 몸을 구성하는 단백질(아미노산의 중합체) 등의 유기물은 식물을 비롯한 광합성 생물들이 만들어낸 결과물이다. 이를테면 식물은 이산화탄소와 물이라는 간단한 무기물 분자로부터 유기물을 만든다. 최초의 광합성 생물이 지구에 나타나 무기물에서 유기물을 만들어냈다 해도, 애초에 광합성 생물의 몸을 구성하는 유기물은 어디서 왔는가 하는 의문이 남는다. 이 문제에 관해서는 '대기기원설'과 '우주기원설'이라는 두 가지 가설이 제기되었다. 대기기원설은 원시대기나 바다에 녹아 있던 공기를 원료로 만들어졌다는 주장이고, 우주기원설은 우주에서 만들어진 유기물이 운석을 타고 지구로 떨어졌다는 주장이다.

## 공기에서 유기물이 탄생했다는 가설

1953년 미국의 스탠리 밀러Stanley Lloyd Miller가 한 가지 실험에 도전했다. 원시대기가 메탄$CH_4$과 암모니아$NH_3$, 수소$H_2$, 수증기$H_2O$로 이루어졌다고 생각한 그는 이 기체들을 유리 용기에 넣고 밀봉하여 높은 전압의 전기를 흘려보냈다. 그 결과 아미노산 등의 유기물이 생성된다는 것을 알게 되었다. 원시대기에서 생명 탄생의 핵심인 유기물이 만들어질 수 있다는 사실을 증명한 이 실험은 대기기원설을 뒷받침하는 실험으로도 유명하다.

그런데 실험 이후, 후속 연구가 진행되면서 원시대기는 이산화탄소$CO_2$와 수증기$H_2O$, 질소$H_2$로 이루어졌다는 사실이 밝혀졌다. 밀러가 설정한 실험 조건과는 다른 구성이었다. 이산화탄소, 수증기, 질소의 조합으로는 고전압 전류를 흘려도 아미노산 등의 유기물이 생성되지 않았다.

하지만 요코하마국립대학교의 고바야시 겐세이小林憲正 교수는 지금까지 밝혀진 원시대기의 조건에서도 불가능한 것은 아니라고 주장했다. 그는 우주방사선과 같은 높은 에너지 양자 빔을 쏘면 생성물이 만들어지고, 여기에 산을 더하여 가열하면 아미노산이 된다는 사실을 입증했다. 즉 원시대기에 가해진 에너지가 번개가 아닌 우주방사선이라면 아미노산이 생성될 수 있다는 것을 보여주었다.

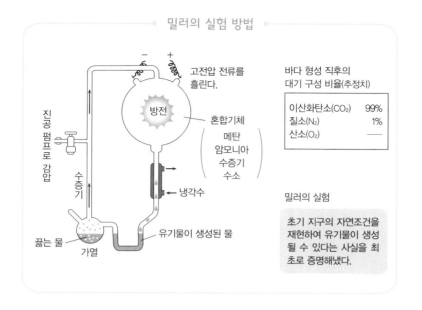

밀러의 실험 방법

고전압 전류를 흘린다.

진공 펌프로 감압

방전

혼합기체

메탄
암모니아
수증기
수소

수증기

냉각수

끓는 물

가열

유기물이 생성된 물

바다 형성 직후의
대기 구성 비율(추정치)

| 이산화탄소($CO_2$) | 99% |
| 질소($N_2$) | 1% |
| 산소($O_2$) | — |

밀러의 실험

초기 지구의 자연조건을 재현하여 유기물이 생성 될 수 있다는 사실을 최 초로 증명해냈다.

## 우주에서 유기물이 떨어졌다는 가설

대형 고성능 전파 망원경으로 관찰해보면 현재 우주에서는 100가지가 넘는 유기물들을 볼 수 있다고 한다. 그중에는 에탄올 과 아세트산, 포름알데히드 같은 유기물도 포함되어 있다. 지구 에 이따금 떨어지는 운석들은 대부분 화성과 목성 사이의 소행 성대小行星帶의 소행성에서 떨어져나온 파편이다. 석질운석의 일종 으로 '탄소질 콘드라이트'라고 불린다. 함수광물含水鑛物이라고 해 서, 운석 속에 수분을 많이 머금고 있으며 아미노산이나 핵산염기 등이 검출된다. 우주기원설은 생명의 근원인 유기물이 추락한 운석이나 혜성의 접근으로 인해 지구로 유입되었다는 주장이다. 최초의 생명이 탄생했다는 40억~38억 년 전에 엄청난 양의 운석이 지구로 떨어지면서 유기물도 함께 들어왔다는 논리다.


## 열수기원설의 등장


이 밖에도 '열수熱水기원설'이라는 유력한 가설도 등장했다. 1979년 깊은 바닷속 해저에서 섭씨 300도가 넘는 매우 뜨거운 물이 솟구치는 장소를 발견했다. 수압이 높은 깊은 바다라서 섭씨 300도가 넘는데도 액체 상태로 뿜어져 나왔다. 이 발견 후에도 바닷속에서 다수의 분출공噴出孔이 추가로 발견되었다. 열수 분출공에서는 황화수소, 수소, 암모니아, 메탄 등이 함께 분출되었다. 이것은 밀러의 실험 조건이었던 원시대기와 거의 일치하는 조합이었다. 다시 말해, 이곳에서 최초의 유기물이 만들어졌을지도 모르는 일이었다. 나아가 열수 분출공에서 나오는 물속에는 철, 아연, 망가니즈 등의 금속이온이 고농도로 함유되어 있었다.

금속이온은 황화수소와 수소, 암모니아, 메탄 등이 화학반응을 일으킬 때 촉매제 역할을 한다. 그래서 뜨거운 열기까지 갖춰진

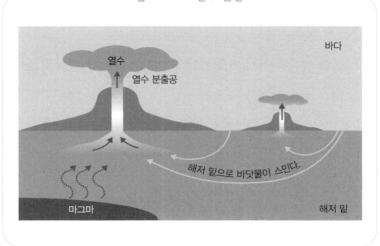

심해에서의 열수 분출

바다

열수

열수 분출공

해저 밑으로 바닷물이 스민다.

마그마

해저 밑

분출공 주위는 화학적 진화가 일어나기 쉬운 장소라고 할 수 있다. 분출된 열수는 바닷물의 영향으로 빠르게 식는데, 열수로부터 에너지를 받아 생성된 유기물도 금세 차가워지게 된다. 열수기원설은 이처럼 열분해 없이 그대로 살아남았다는 주장이다.

생명의 근원인 유기물은 대기기원설과 우주기원설을 토대로 만들어진 두 종류의 유기물에서 출발하지 않았을까 생각된다. 열수 분출공에서 유기물이 만들어지지 않더라도 '지구산 유기물'과 '우주산 유기물'이 열수 분출공과 비슷한 환경을 만나서 생명에 한 발짝 다가가는 화학적 진화가 일어난 것으로 추정한다. 진화 과정에서 단백질과 핵산 부분이 만들어지고 마침내 그로부터 생명체가 탄생한 것이다. 그러나 단백질과 핵산 부분에서 어떻게 생명체가 탄생하게 되었는지는 여전히 의문으로 남아 있다. 지금도 이 수수께끼를 풀기 위해 많은 학자가 연구에 매진하고 있다.


## 열수 분출공 주변에 형성된 이상한 생태계

햇빛이 닿지 않는 깊은 바닷속, 뜨거운 물이 펑펑 나오는 열수 분출공 주변에는 조금 이상하게 생긴 생물들이 무리 지어 살고 있다. 1977년에 수심 2500~3000미터의 지점을 탐사하던 잠수정에 의해 발견되었다.

열수 분출공에서는 황화수소가 분출된다. 황화수소는 인간을 비롯한 일반적인 생물들에게는 매우 유해한 독성 물질로 황화수소가 분출되는 지역에서는 생물이 생존할 수 없다. 이처럼 일반 생물들에게는 지옥이나 다름없는 곳에서 유기물을 만드는 존재가 있다. 바로 박테리아(세균)다. 황화수소를 바닷물 속의 산소로 황이나 황산으로 산화시켜 에너지를 얻어 유기물을 합성한다. 이처럼 무기물에서 유기물을 만드는 생물을 '기초생산자'라고 한다. 박테리아 중에는 섭씨 122도의 매우 높은 온도에서도 살 수 있는 극호열균極好熱菌도 있다. 열수 분출공 주변에 서식하는 이매

패류二枚貝類인 시로우리조개(학명 Calyptogena soyoae. 일본인 학자에 의해 처음 소개된 심해 조개로 하얀색을 띠며 크고 길쭉한 모양이다-옮긴이)와 '튜브 웜tube worm'이라고 하는 관벌레의 몸속에는 다량의 화학합성 박테리아가 공생한다. 시로우리조개는 황화수소와 산소를 박테리아에게 전달하면서 그와 동시에 자기 자신도 맹독성의 황화수소를 해독하는 체계가 갖춰져 있다. 또한 시로우리조개나 관벌레는 공생하는 박테리아가 합성한 유기물 일부를 공급받으며 살기 때문에 소화기관이나 입이 없다. 시로우리조개와 관벌레 무리 사이로 새우와 게가 여유롭게 돌아다닌다. 근처에는 물고기들이 헤엄쳐 다니는 모습도 볼 수 있다. 열수 분출공 주변에는 이와 같은 그들만의 독특한 생태계가 형성되어 있었다.

지구 최초의 생명이 탄생할 수 있는 모든 조건을 갖춘 열수 분출공 주변은 과학자들의 이목이 집중되기에 충분하다.

## 최초의 생물은 언제 등장했나?

최초의 생물이 언제 지구에 출현했는지는 아직 밝혀지지 않았다. 많은 연구자가 생명의 탄생을 40억~38억 년 전으로 보고 있다. 달 표면의 지질조사 결과 40억~38억 년 전까지 운석의 잦은 충돌로 분화구가 형성되었는데, 마찬가지로 지구에서도 같은 시기에 운석과의 충돌이 빈번했을 것으로 추정한다. 이를 근거로 생명 탄생의 시기를 예측한다. 거대한 운석(미행성, 소행성)과 충돌하면 충돌 직후에 발생하는 에너지로 인해 지구 표면 온도가 빠르게 상승해 바닷물이 증발하고, 나아가 지표 부근의 암석이 녹아내려 마그마의 바다가 만들어지기도 했다. 혹시 운석과의 충돌 전에 이미 생물이 탄생하여 원시 바다에 살고 있었다 해도 뜨거운 열기 때문에 모조리 타버렸을 가능성이 높다. 따라서 오늘날에 이르는 생물의 등장은 운석이 쏟아져 내리던 시기(후기 운석 대충돌기Late Heavy Bombardment)를 지난 40억~38억 년 전일 것이라는 견해가 가장 유력하다.

## 생물은 물질대사와 자기 복제를 한다

약 40억 년 전에 등장한 생물은 무엇이었을까? 어떤 생물인지, 그리고 어떤 과정을 통해 진화하였는지 현재로서는 알 수 없다. '살아 있는 것'은 모두 물질대사를 한다. 물질대사란 외부로부터 유기물이 들어오면 몸속에서 각종 합성과 분해 과정을 거쳐 생존을 위한 물질과 에너지를 확보함과 동시에 불필요한 물질은 배출하는 과정을 말한다.

물질대사와 더불어 생물의 또 다른 요소가 바로 '자기 복제(자기 재생산)'다. 자기 복제를 위해서는 핵산의 역할이 매우 중요하다. 물론 최초의 생물이 오늘날의 생물에서 볼 수 있는 고차원적인 물질대사와 자기 복제 시스템을 처음부터 갖추지는 못했다. 초기에는 매우 미약한 수준이라서 주변 환경에 제대로 적응하지 못한 채 멸종해버린 생물들도 많았을 것이다. 그러나 그 가운데 일부는 환경에 잘 적응하여 끈질기게 살아남았다. 이러한 과정에서 보다 수준 높은 물질대사와 자기 복제 시스템을 갖춘 생물들이 출현했다.

## RNA 월드에서 DNA 월드로

오늘날의 생물들은 자기 복제에 대한 유전정보가 DNA에 저장되어 있다. DNA 복제는 수많은 효소(단백질)의 작용으로 이루어진다. 원시 지구에 살던 최초의 생물에게는 자기 복제를 위한 DNA와 단백질이 없었다. 대신에 이보다 훨씬 간단한 RNA가 그 역할을 했다고 보는 것이 일반적이다. 그 근거로 RNA에서 효소와 비슷한 작용(촉매 역할)을 하는 리보자임ribozyme의 발견을 들 수 있다. RNA는 DNA보다 분해되기 쉽다는 단점이 있다. 리보자임은 단백질로 이루어진 효소에 비해 불안정하다. 이러한 약점들을 극복하고자 RNA가 단백질 합성을 선호하게 되면서 자기 복제를 위한 촉매 역할은 단백질이 담당하게 되고, 유전정보의 보관

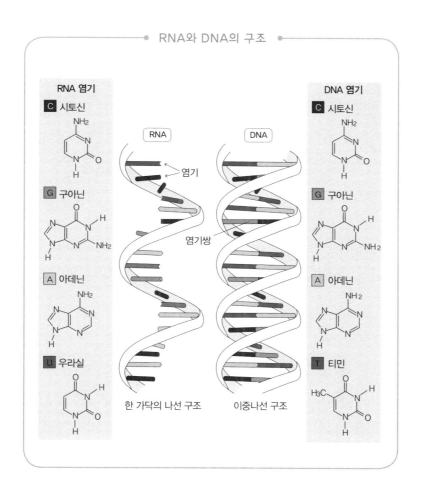

**RNA 염기**

C 시토신

G 구아닌

A 아데닌

U 우라실

RNA

DNA

염기

염기쌍

한 가닥의 나선 구조

이중나선 구조

**DNA 염기**

C 시토신

G 구아닌

A 아데닌

T 티민

도 RNA보다 안정적인 DNA로 옮겨간다.

　이처럼 원시 지구에 살던 최초 생물의 기본적인 활동에 RNA
가 결정적인 역할을 하던 시대를 가리켜 'RNA 월드'라고 한다.
반대로 현재의 생물처럼 DNA와 단백질이 중심인 시대는 'DNA

월드'라고 한다. 생명의 흔적 중 가장 오래된 35억 년 전의 화석
에는 세포 내에 핵을 가지고 있지 않은 원핵原核생물의 모습이 담
겨 있다. 원핵생물은 핵은 가지고 있지 않았지만, DNA 덩어리와
리보솜ribosome(DNA의 유전정보를 RNA에 복사하고 단백질을 합성)을
가지고 있었다. DNA 월드는 이미 35억 년 전부터 시작되었던
것이다.


## 지구 생태계를 뒤바꾼 시아노박테리아의 등장


지구에 살던 생물들은 원래 산소 없이 유기물을 통해 생존에
필요한 에너지를 얻었다. 탄생한 지 얼마 되지 않은 초기 지구에
대기 중 산소는 없었다. 오직 산화물뿐이었다. 그러다가 약 27억
년 전을 기점으로 지구에 시아노박테리아라는 광합성 생물이 출
현한다. 이 생물의 등장 이후 광합성 작용으로 공기 중 산소가 점
차 늘어났다. 스트로마톨라이트stromatolite라는 유명한 화석이 있
다. 시아노박테리아와 모래, 진흙의 입자가 층을 이루면서 쌓인
퇴적 구조를 담고 있는 화석으로 약 27억 년 전의 지층에서 발견
되었다. 시아노박테리아는 바닷물에 녹아 있는 이산화탄소를 흡
수해 유기물을 만들어내는 과정에서 물을 분해하여 산소를 방출

스트로마톨라이트 화석(현미경 속 모습을 묘사한 그림)

한다. 이렇게 만들어진 산소는 다시 바닷물 속에 녹아 있던 철 이온과 결합하면서 산화철이 되어 가라앉는다. 대규모의 산화철이 쌓인 퇴적층(호상철광층)은 지각 변동으로 융기하였고, 현재는 주요 철광석 채굴장으로 이용되고 있다.

바닷속에서 금속이온 등의 산화 과정이 끝나면 산소는 대기 중으로 방출된다. 바다에서 산소가 방출되자 공기 중의 산소 비율이 급격하게 늘어나면서 질소와 산소를 주성분으로 하는 오늘날의 대기층이 완성되었다.

## 다세포생물의 출현

세포 내에 핵을 가진 진핵생물은 약 21억 년 전에 처음 등장했다. 현재 동식물들은 모두 진핵생물이다. 핵의 보호를 받는 DNA와 리보솜에 더하여 미토콘드리아 및 엽록체가 생기면서 원핵생물보다 더 복잡한 고도의 작용들이 이루어졌다. 미토콘드리아는 원래 유기물과 산소로부터 효율적으로 에너지를 얻을 수 있는 독립된 원핵생물이었다.

초기 원핵생물의 세포 안에 미토콘드리아가 침투하여 공생하다가, 그 자체가 하나의 생명체로 진화하면서 진핵생물이 된 것으로 추정하고 있다(공생설). 진핵생물은 세포 내의 미토콘드리아를 통해 유기물과 산소를 공급받아 에너지를 확보한다. 미토콘드리아를 갖게 되면서 산소호흡을 하기 시작한 생물이 바로 우리 조상이다.

당시 원핵생물과 진핵생물은 모두 단세포생물이었다. 가장 오래된 우리의 조상은 최초로 등장한 원핵생물을 거쳐 이어서 등장한 진핵생물로 계승되었다. 이후 10억 년이 넘는 세월이 흐른 뒤에야 좀 더 복잡한 세포로 이루어진 다세포생물이 등장했다. 다시 말해, 우리 조상은 단세포생물로 30억 년이라는 긴 시간을 견뎌낸 것이다. 즉 다세포생물의 출현은 약 10억 년 전의 일이었다.

옛날의 생물은
작은 세포의 모습으로
30억 년이나 살았구나.

# 연체동물의 전성기, 선캄브리아기

## 무궁무진한 바닷속 별세계

지금으로부터 6억 년 전, 선캄브리아기 말기에 들어서자 다양한 형태의 다세포생물들이 출현했다. 이 시기의 생물군은 대체로 크기가 크지는 않았다. 몇 센티미터에서 몇십 센티미터 정도였는데, 드물게 1미터까지 크는 생물들도 있었다. 생김새는 매우 다양했다. 깃털 펜을 세워놓은 것 같은 생물도 있었고, 원반이나 주머니처럼 생긴 생물도 있었다. 좌우가 완전히 대칭을 이루는 모습도 볼 수 있다. 딱딱한 골격과 껍질, 이빨 등은 발달하지 않고

에디아카라 낙원

연한 조직으로만 되어서 대부분 흐물흐물하고 평평하게 퍼지는 형태의 몸을 가지고 있었다.

　이들이 어떤 방식으로 생활했는지는 정확히 알 수 없으나 플랑크톤처럼 바닷속을 떠다니는 부유생활이 아닌, 바다 밑바닥에 붙어서 고착생활을 했던 것으로 보인다. 해파리나 바다조름(산호의 일종으로 깃털 같이 생겨서 모래진흙 바닥에 붙어 산다―옮긴이), 환형동물에 가까운 생물도 있지만, 우리가 알고 있는 그 어떠한 동식물로도 분류하기 어려운 정체불명의 생물들이 많아서 이 시기의 연체동물은 여전히 의문투성이다.

원형이나 타원형 방석처럼 생긴 디킨소니아Dickinsonia, 나뭇잎처럼 생겨서 끝에 동그란 뿌리 같은 부분이 땅속에 묻혀 있는 카르니오디스쿠스Charniodiscus 등이 대표적이다. 이들이 현생의 동물과 관계가 있는지 없는지에 대해서도 연구자마다 서로 다른 의견을 내놓고 있다. 디킨소니아 같은 에디아카라 생물군은 바닷속 생물이 아니라, 육지의 지의류地衣類(균과 식물이 공생하여 하나의 몸을 이룬 복합생명체로 이끼와 흡사하다-옮긴이)와 유사한 존재였다고 주장하는 연구자들도 있다. 에디아카라 생물군 중에 우리의 조상으로 이어지는 생물이 있었는지는 확실치 않다.

에디아카라 생물군이 살았던 그 시절 바닷속에는 이들을 먹이로 삼는 천적이 없었다. 외부의 위협 없이 한가롭고 평화로운 분위기 속에서 살았다고 하여 이 시기를 '에디아카라 낙원'이라고도 한다. 그러나 에디아카라 낙원은 오래가지 못했다. 2000만 년이라는 짧은 기간 동안 번성했던 에디아카라 생물군은 어느 순간 모두 사라졌다. 지구의 역사로는 이들이 사라진 시기까지를 선캄브리아기로 구분한다. 이어지는 고생대에는 에디아카라 생물군처럼 흐물흐물한 연체동물과는 다른 삼엽충과 같은 입체적이고 딱딱한 껍질을 지닌 생물들이 하나둘 등장했다.

# 삼엽충과
# 눈의 탄생

## 놀라운 진화의 계기

캄브리아기(5억 4200만~4억 8800만 년 전)에 출현한 삼엽충은 현생의 동물로 비유하면 곤충이나 거미, 새우나 게와 같은 절지동물의 친척에 해당한다. 삼엽충은 최초로 눈을 가진 동물이었다. 렌즈가 달린 시세포(낱눈)가 여러 개 모여 이루어진 '겹눈'을 가지고 있었다. 오늘날의 곤충들처럼 겹눈으로 사물을 인식하고 색깔을 구별할 수 있었던 것으로 보인다. 영국 자연사박물관에서 캄브리아기의 화석을 분석하던 앤드류 파커Andrew Parker 박사는

측엽　중엽　측엽

《눈의 탄생In The Blink of an Eye》이라는 유명한 저서를 남겼다. 파커 박사는 이 책에서 캄브리아기 대폭발 이후에 등장한 동물 화석의 특징으로 곤충과 같은 딱딱한 외골격과 돌출된 눈, 날카로운 입, 칼처럼 예리한 가시 등을 지적한다. 그중에서도 눈을 가진 동물의 등장에 주목했다.

　파커 박사는 캄브리아기 대폭발이 일어나기 전인 에디아카라 생물군이 번성하던 시기에 이미 눈을 가진 동물이 등장했으며, 이들은 생존 경쟁에서 우위를 차지하고 있었다고 주장했다. 눈은 먹이를 사냥하거나 적을 피해 몸을 숨길 때도 다른 동물에 비해 훨씬 유리하게 기능했다. 눈을 가진 조상 동물의 등장 이후 캄브리아기는 이들과 같이 눈을 가진 동물의 개체가 폭발적으로 늘어나며 전성기를 맞았다. 삼엽충의 겹눈을 집중적으로 파헤친 파커 박사는 당시 삼엽충이 포식자의 위치에 있었을 것으로 추측했다. 삼엽충이 엄청나게 증가하며 다양한 개체가 나타난 것도 정교한 눈이 있었기 때문이라고 지적했다.

# 캄브리아기의 기묘한 생물들

## 다양한 생물의 시대

캐나다 브리티시컬럼비아주 동부 요호 국립공원에는 지질학자라면 익히 알고 있는 버제스 동물군의 화석이 있다. 이 지역은 세계문화유산으로 지정된 곳이기도 하다. 급경사면의 몇 미터가량 이어지는 소규모의 노두露頭(지표면에 지층이나 암석 등이 노출된 부분-옮긴이)에서 발견되었다. 이 일대를 가리켜 '월컷 채석장'이라고도 부른다. 1909년 미국 지질조사국에서 근무하던 찰스 월컷Charles Doolittle Walcott이 이곳에서 버제스 동물군의 화석을 최초로 발견했다. 당나귀를 타고 인근을 지나다가 당나귀가 그만 발을 헛디뎌 넘어진 것이 계기였다. 그는 이 지역이 과거 캄브리아기 중기 시대의 퇴적층으로 이루어진 곳이라는 사실을 잘 알고 있었다. 월컷은 넘어진 장소의 셰일(버제스 셰일) 표면에서 무언가 반짝이는 물체 같은 것을 발견했다. 자세히 들여다보니 셰일 표면에 무언가 검게 그을린 흔적 같은 것이 보였다.

캄브리아기에 살던 생물의 흔적이었다. 산길을 올라 모암母巖 (토양의 원료로 풍화를 받지 않은 암석. 토양의 밑바닥에 깔려 있다-옮긴이)을 찾아낸 월컷은 그곳에서 방대한 화석을 발굴한다. 1917년까지 이어진 발굴 작업을 통해 무려 6만 5000점에 달하는 화석을 발견했던 것이다. 그 후 몇몇 연구기관이 가세하여 여러 차례에 걸친 조사 끝에 대량의 화석을 추가로 발견했다.

캄브리아기 화석으로는 버제스 동물군 화석 못지않게 중국 청장澄江 화석군도 유명하다. 이곳에서 발굴된 화석에는 오늘날 지구상의 거의 모든 동물문門의 표본이 남아 있다. 이 시기에는 다세포생물의 종류가 급격하게 증가하는데, 이것이 바로 '캄브리아기 대폭발'(캄브리아 대폭발 또는 캄브리아 폭발이라고도 한다)이다. 캄브리아기 대폭발이 일어난 과정에 대해서는 지금도 논쟁이 끊이지 않는다. 캄브리아기가 시작되면서 짧은 기간 동안 다양한 진화가 갑작스럽게 일어난 것인지, 아니면 흔적은 없지만 선캄브리아기부터 계속되어온 진화의 결과가 우연히 한꺼번에 화석으로 남게 된 것인지는 아직 밝혀지지 않았다.


## 캄브리아 바다의 지배자

캄브리아기 바다의 제왕이라고 하면 단연 아노말로카리스 Anomalocaris가 손꼽힌다. 캄브리아기 동물들의 평균 크기는 몇 밀리미터에서 몇 센티미터 정도인데 반해, 아노말로카리스는 60센티미터~1미터에 이른다. 다른 개체들과 비교하면 압도적인 차이였다. 새우 꼬리처럼 생긴 조직이 머리에 붙어 있어서 이것을 본 사람들이 '기묘한 새우'라는 뜻을 담아 아노말로카리스라는 이름을 붙였다. 사냥에 특화된 강인한 두 다리와 먹이를 잘게 부술 수 있는 이빨을 가지고 있었다. 몸통 양옆에 날개처럼 달린 측엽을 위아래로 움직이며 너울너울 헤엄쳐서 이동했다. 아노말로카리스의 화석에는 다양한 모습으로 진화한 친척 개체들의 흔적이 다수 남아 있다. 즉 캄브리아기 바다에서 가장 성공한 생물이었다.

아노말로카리스보다는 크기가 작지만 눈에 띄는 생물이 있다. 오파비니아Opabinia다. 7센티미터 정도의 크기에 수십 개의 다리와 먹이를 낚아챌 때 쓰는 코끼리 코처럼 생긴 돌기가 붙어 있다. 놀

오파비니아
몸길이 약 7센티미터

아노말로카리스
몸길이 약 60센티미터~1미터

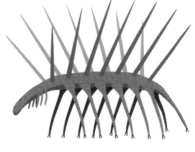

할루키게니아
몸길이 약 3센티미터

랍게도 이들의 머리 위에는 무려 5개의 눈이 달려 있었다.

　포식자의 위치에 선 동물들이 나타나자 나머지 동물들은 자신의 몸을 보호하기 위해 단단한 껍질인 외골격으로 무장했다. 일부 학자들은 부드러운 연체질의 에디아카라 생물군이 이러한 포식 동물들에게 모조리 잡아먹혀 멸종되었다고 주장했다.

# 활유어에서 인간으로

## 피카이아와 활유어

캄브리아 대폭발 이후 몇 센티미터 정도 크기의 피카이아Pikaia
라는 생물이 등장한다. 이들은 현재의 활유어蛞蝓魚(창고기라고도 한
다-옮긴이)와 비슷한 모습을 하고 있었다. 활유어는 육지에 가까
운 얕은 해저의 모래 속에 숨어 산다. 머리만 살짝 바깥으로 내밀
고 입가에 난 가느다란 털을 쉴 새 없이 움직이며 물을 빨아들여
먹이를 먹는다. 은신처를 벗어나야 할 때는 모래에서 나와 몸을
좌우로 꿈틀거리며 빠르게 헤엄치는데, 멀리 가지 못하고 곧장

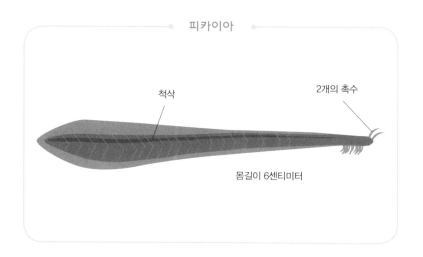

피카이아

척삭

2개의 촉수

몸길이 6센티미터

다시 모래 속으로 숨는다. 피카이아는 활유어와는 다르게 뛰어난 수영 실력을 가졌다. 척삭脊索(신체 정중앙에서 몸을 지지하는 막대 모양의 기관으로 척추의 원형이다-옮긴이)과 근육을 이용하여 바닷속을 신나게 헤엄쳐서 이동했다. 두 개체 모두 오늘날의 인간으로 이어져 내려오는 원시 척삭동물로 분류되는데, 예전에는 피카이아만 최초의 척삭동물이자 척추동물의 직계 조상으로 인정받았다.

하지만 피카이아보다 2000만 년이나 빠른 시기의 동물이 발견되었다. 캄브리아기 전기 후반에 살았던 척추동물인 밀로쿤밍기아Myllokunmingia였다. 밀로쿤밍기아가 발견되면서 피카이아는 캄브리아기의 일반적인 척삭동물로 분류되었다. 지금은 밀로쿤밍기아가 가장 초기의 어류로 인정받고 있지만, 이보다 더 오래된

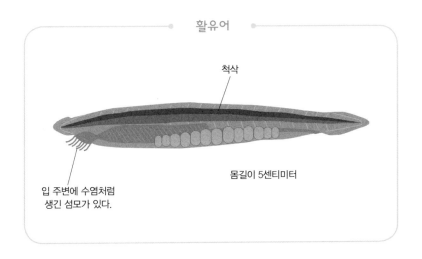

활유어

척삭

몸길이 5센티미터

입 주변에 수염처럼
생긴 섬모가 있다.

활유어를 닮은 척삭동물이 존재했을 것으로 추측한다. 활유어는
이름에서도 알 수 있듯이 활유로 불리는 민달팽이처럼 반투명한
몸을 가지고 있다. 민달팽이와 물고기의 중간쯤인 조금 특이한
생물이다. 크기는 3~5센티미터 정도로 얼핏 보면 멸치처럼 생긴
소형 물고기다. 활유어의 친척 개체가 영국에서 최초로 발견되었
을 때 모든 연구자가 민달팽이의 한 종류라고 생각했다. 그래서
이름도 활유어가 되었다.

활유어는 사실 민달팽이도, 물고기도 아니다. 어류·조류·포유
류 등 척추동물의 조상에 가장 가깝다는 '두삭頭索동물'(척삭동물
문)이다. 그러니까 활유어와 비슷한 동물이 척추동물의 조상이
아닐까 추측하고 있다. 이러한 이유로 활유어는 '살아 있는 화석'

이라는 별칭이 있다. 세계적으로 약 30종류의 활유어 친척들이 서식하는 것으로 알려져 있다.

## 척추동물의 조상은 누구인가?

인간을 포함한 모든 척추동물은 몸 한가운데 길게 척추가 자리 잡고 있다. 척추는 머리 뒤쪽부터 엉덩이까지 하나로 이어주는 뼈를 말하며 신체의 기둥 역할을 한다. 활유어는 겉으로 보면 물고기와 비슷하지만, 척추는 없다. 대신 등 쪽 가운데에 '척삭'이라는 막대 모양의 단단한 기관이 발달했다. 척추동물의 경우 개체발생 초기에는 척삭을 가지지만 성장하면서 점차 척추로 대체된다.

인간도 마찬가지다. 엄마 배 속에서 척추가 만들어지기 전에는 척삭이 나타난다. 활유어의 근육이나 신경조직, 그 외의 다른 조직들을 보면 마치 척추동물의 신체적 특징들을 간추려놓은 것 같은 구조로 되어 있다. 이러한 유사성으로 오래전부터 척추동물의 조상과 비슷하다는 의견이 꾸준히 제기되었다. 활유어 외에도 척삭을 가진 또 다른 현생동물이 있다. 바로 멍게다. 붉고 단단한 껍질에 뿔처럼 생긴 돌기가 여기저기 돋아 있어서 보기에는 다

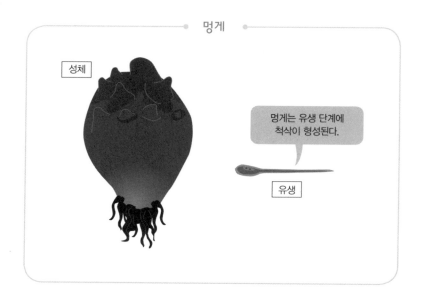

멍게

성체

멍게는 유생 단계에
척삭이 형성된다.

유생

소 흉물스럽지만, 안쪽 살은 맛있어서 인기가 좋다. 알을 갓 깨고 나온 멍게는 척삭이 없다. 유생기에 머리부터 꼬리로 이어지는 제대로 된 척삭이 생기는데, 성체와 달리 올챙이와 비슷한 모습으로 꼬리를 좌우로 흔들며 물속을 헤엄쳐서 이동한다.

멍게의 성체는 유생 때와 사뭇 다른 모습이다. 인간의 주먹만 한 크기에 둥그런 모양으로 자라난 성체는 바위 표면 등에 붙어서 고착생활을 한다. 꼬리는 몸 안으로 흡수되어 사라지고, 조개처럼 입수공과 출수공으로 물을 빨아들여 플랑크톤을 걸러 먹는다. 몸 안의 중심을 잡아주던 척삭은 퇴화하여 없어진다. 척삭을 가진 멍게의 유생이 물속을 헤엄쳐 다니다가 바다에서 강으로 생활 터전을 옮겨 유생 때의 모습 그대로 성장했다면 어땠을까? 그 생물이야말로 척추동물의 조상이라고 할 수 있지 않을까?

이러한 의문을 둘러싸고 척추동물의 조상을 활유어로 보는 학자와 멍게로 보는 학자 사이에서 논쟁이 펼쳐졌다. 이에 교토대학교 국립유전학연구소와 영미 국가 등이 함께한 국제연구팀이 2008년 '활유어'의 게놈 해독을 시도한 결과 현재까지는 활유어가 조금 더 우세한 상황이다.

활유어가 멍게보다 지구에 먼저 나타났고, 이후 활유어로부터 척추동물과 멍게가 갈라져 나왔다고 봐야 한다. 다시 말해, 활유어에서 시작해 척추동물로 이어져 내려왔다고 설명할 수 있다.

# 턱의 발달로 거대해진 몸집

## 먹고 먹히는 세계

데본기는 우리의 직계 조상인 척추동물이 육상으로 진출한 시대다. 먼저 육지로 올라오기 전 바다와 강에 살던 척추동물은 어떤 생활을 했는지 살펴보자.

캄브리아기가 막을 내리고 이어지는 오르도비스기(4억 8800만 ~4억 4400만 년 전)에는 턱이 없는 무악류無顎類 동물인 코노돈트conodont가 번성했다. 이어지는 실루리아기(4억 4400만~4억 1600만 년 전)에는 식물들의 본격적인 육상 진출이 시작되었다. 그리고

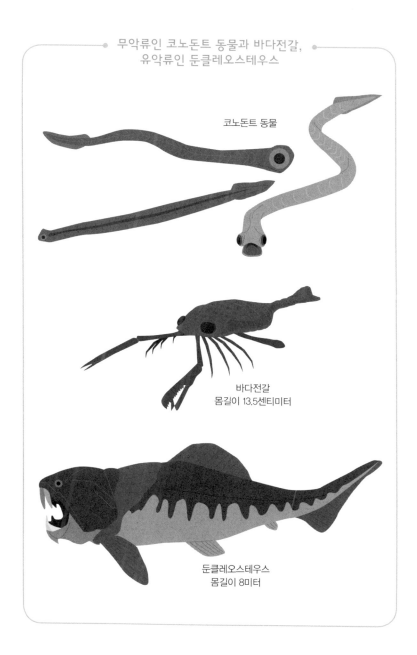

무악류인 코노돈트 동물과 바다전갈,
유악류인 둔클레오스테우스

코노돈트 동물

바다전갈
몸길이 13.5센티미터

둔클레오스테우스
몸길이 8미터

바다에서는 거대한 바다전갈이 출현했다. 실루리아기를 지나 데본기로 접어들자 판피류板皮類라는 물고기가 나타난다. 판피류는 턱이 발달했고 배와 가슴에 난 지느러미가 특징이다. 머리에서 몸통으로 이어지는 전면부는 두꺼운 갑옷으로 덮여 있었다. 이 밖에 상어의 친척인 연골軟骨어류와 물고기의 전형인 참치, 도미, 잉어의 친척인 경골어류도 등장했다.

데본기에는 본격적으로 턱을 가진 동물들이 나타나기 시작했다. 진화 역사상 턱의 발달은 가장 획기적인 사건이었다. 위턱과 아래턱의 두 골격이 생겨나면서 이빨이 수직으로 자랐고, 잘 발달한 이빨로 식물이나 다른 동물들을 잡아먹을 수 있었다. 코노돈트가 해저에 바싹 달라붙어 서식하며 움직일 때도 직진과 좌우 회전 운동만 가능했던 것에 비해, 판피류들은 3차원의 바닷속 공간을 자유로이 돌아다닐 수 있게 되었다. 이와 더불어 머리 쪽의 반고리관에 세 번째 관이 추가되면서 세반고리관이 완성되었다. 이로써 전후, 좌우, 상하의 3차원적인 움직임을 감지할 수 있게 되었다.

데본기 후기에는 판피류의 하나인 둔클레오스테우스Dunkleosteus라는 생물이 등장한다. 몸길이만 6~10미터에 달하는 판피류 중에서도 가장 거대한 어류였다. 강력한 턱은 이들의 최대 무기다. 다른 종의 물고기들을 사냥해 무시무시한 턱으로 잘게 부숴 씹어

먹었다. 이들이 등장하기 전 바다를 주름잡던 바다전갈을 능가하는 기세였다. 바다전갈은 절지동물의 친척으로 5쌍 또는 6쌍의 부속지附屬肢(동물의 몸통에 가지처럼 붙어 있는 기관이나 부분-옮긴이)가 달려 있다. 가장 앞쪽에 협각鋏脚이라고 불리는 집게발이 달려 있고, 이 집게발로 먹이를 사냥했다. 한 가지 새로운 사실은 최근의 연구 결과에 따르면 바다전갈의 집게가 생각보다 튼튼하지 않아서 아주 강력한 포식자는 아니었다고 한다.

무악류인 코노돈트와 판피류는 데본기가 끝날 무렵인 약 3억 년 전에 멸종의 길로 들어선다.

## 손과 발을 가진 물고기의 등장

경골어류 중 하나인 실러캔스는 데본기에 처음 출현하였다. 실러캔스의 친척들은 공룡이 멸종한 백악기 말에 함께 자취를 감춘다. 그런데 화석에 남아 있는 사라진 친척들의 모습을 쏙 빼닮은 실러캔스가 '살아 있는 화석'으로 지금까지 살아남아 우리와 함께 살고 있다. 경골어류는 크게 지느러미에 근육이 없는 조기류條鰭類와 근육이 있는 육기류로 나뉘며 현재도 살고 있는 실러캔스와 폐어는 육기류에 속한다. 원시 경골어류는 목 안쪽에 원시

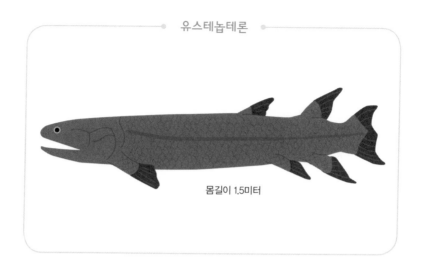

유스테놉테론

몸길이 1.5미터

적인 형태의 폐를 가지고 있었다. 그들의 일부가 민물가로 진출하면서 지느러미에 두꺼운 뼈를 가진 어류로 진화함에 따라 양서류가 된 것으로 추정한다.

양서류의 조상, 다시 말해 손과 발이 달린 물고기 중에는 유스테놉테론Eusthenopteron에 대한 연구가 가장 활발하다. 유스테놉테론은 강이나 연못 등의 얕은 민물에서 서식했다. 이들은 주로 물속에 식물들이 무성하게 자란 환경에서 살았다. 지느러미 안에 뼈가 있어서 그 지느러미로 식물 사이를 기어 다니듯 헤엄쳐서 이동하며 다른 물고기를 잡아먹었다.

평소에는 아가미로 호흡하지만, 연못이 마르거나 진흙 속에 있을 때는 원시적인 폐를 이용하여 폐호흡을 했다. 그러나 육지로 나아간 동물의 수준으로는 진화하지 못했다. 물속에서는 부력의 도움을 받아 몸의 균형을 잡기가 수월하지만, 육지에서는 중력을 이겨내고 몸을 지탱하여 걸을 수 있는 힘이 있어야 했다. 유스테놉테론이 등장한 이후로 무려 1000만 년의 시간이 흐르고 나서야 양서류가 출현했다.

## 특이한 모양의 이빨, 코노돈트의 비밀

코노돈트는 캄브리아기부터 트라이아스기(5억 4200만 년 전~2억 년 전)에 형성된 암석에 남겨진 화석으로 19세기 러시아에서 발견되었다.

크기가 1밀리미터에도 못 미치는 대단히 작은 미화석微化石으로 빗살이나 염소의 뿔과 비슷한 모양이었다. 이 화석을 처음 발견한 사람들은 미확인된 물고기의 이빨 화석이라고 생각했다. 이러한 이유로 라틴어로 '원뿔 모양의 이빨'을 의미하는 코노돈트라는 이름이 붙었다. 문제는 '이빨'만 발견된 채 이빨의 주인이 좀처럼 발견되지 않았다는 것이다. 화석의 정체는 오랜 기간 풀리지 않은 수수께끼로 남아 있었다. 1983년 스코틀랜드에 있는 셰일 암석의 표면에서 희미한 얼룩 같은 흔적이 발견되었다. 몇몇

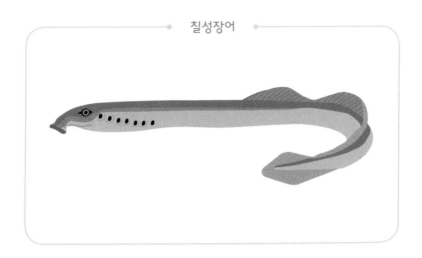

칠성장어

연구자는 놓치지 않고 이 흔적에 주목했다. 길고 가는 모양으로 크기는 4센티미터 정도 되는 화석이었다. 현미경으로 관찰해본 결과, 몸 쪽 끝부분에서 완벽한 모양의 코노돈트의 흔적이 발견되었다. 이빨의 주인을 찾은 것이다.

코노돈트는 바닷물을 여과하여 플랑크톤을 걸러내는 방식으로 먹이 활동을 했다. 온전한 코노돈트의 모습을 가지고 있던 화석 속 동물은 척추동물인 칠성장어와 상당히 닮은 모습이었다. 매우 원시적인 단계의 척추동물이었던 것으로 보인다.

## 최초의 척추동물, 무악류의 생존자

코노돈트와 가장 비슷한 현생동물은 칠성장어다. 칠성장어는 턱이 없다. 즉 무악류의 척추동물이다. 입은 있지만 턱뼈가 발달하지 않아서 이빨도 없다. 오늘날 칠성장어는 색깔과 모양, 크기까지 장어와 매우 흡사하다. 8쌍의 눈처럼 생긴 구멍을 가지고 있는데 가장 앞쪽의 구멍만 진짜 눈이고 나머지는 아가미구멍이다. 장어와 비슷한 모습을 하고 있지만 장어의 친척은 아니다. 현재의 칠성장어는 무악류 동물로는 몇 안 되는 생존자 중 하나다. 커다란 깔때기 모양의 빨판처럼 생긴 입을 가지고 있으며 잉어 따위의 물고기 몸통에 들러붙어 피를 빨아먹으면서 산다.

가장 원시적인 그룹의 칠성장어가 지금까지 살아남아, 그들보다 더욱 진화한 진짜 어류인 잉어 등의 경골어류를 잡아먹는 셈이다. 칠성장어의 이러한 놀라운 모습을 목격한 인간은 건강에 도움이 될 거라고 생각해 칠성장어를 귀하게 대접했다. 회로 떠도 꿈틀대는 살점과 해체 후에도 한동안 살아 움직이는 칠성장어의 심장을 보면서 강인한 생명력을 실감했을지도 모른다. 현재도 ED(발기부전) 치료용으로 널리 활용되고 있으며 비타민A가 풍부해서 야맹증에도 효과적이다.

## 탄소에서 찾아낸 생명의 흔적

그린란드의 이수아Isua라는 지역에는 지금으로부터 38억 년 전에 형성된 대규모의 암석 노출지가 있다. 이곳에서 생명의 흔적을 보여주는 화학적 증거가 발견되었다. 이수아 지역의 암석은 고온·고압의 변성작용을 받았기 때문에 생물의 화석을 발견할 가능성이 거의 없었다. 물론 생물을 구성하는 유기물에서 유래한 그래파이트graphite(흑연, 탄소 동소체)의 가능성까지 없는 것은 아니었다.

유기물에서 유래한 이수아 지역의 그래파이트는 이미 1999년에 보고된 바 있다. 코펜하겐대학교의 미닉 로싱Minik Rosing 박사가 38억 년 전 활동하던 생물의 흔적으로 추정되는 그래파이트를 이수아 지역에서 발견한 것이다. 그런데 한 가지 이상한 점이 있었다. 이수아 지역에서 발견되는 그래파이트는 대부분 생물에서 유래한 것이 아니었다. 생물에서 유래한 그래파이트는 로싱 박사가 보고한 사례가 유일했다.

학계에서는 로싱 박사가 발견한 그래파이트가 정말로 생물에서 유래한 것인지 의심하는 사람들이 나타났고, 학자들 사이에 논쟁이 벌어졌다. 일본 도호쿠대학교의 가케가와 다케시掛川武 교수와 오오토모 요코大友陽子 박사는 코펜하겐대학교와 공동으로 이수아 지역의 구체적인 지질조사를 실시했다. 그 결과, 이수아 지역의 북서부에서 다량의 그래파이트가 섞인 새로운 암석을 발견했다. 38억 년 전 해저에 퇴적된 진흙이 변하면서 만들어진 암석이었다.

암석에서 산출된 그래파이트는 탄소12와 탄소13의 비율이 오늘날의 생물들과 같았다. 뿐만 아니라 지금의 생물을 구성하는 탄소에서 특징적으로 나타나는 나노 단위의 조직과 외형들도 확인할 수 있었다. 이와 같은 증거를 토대로 연구팀은 38억 년 전 바다에 서식하던 미생물의 단편이라고 결론지었고 2013년에 이러한 내용을 발표했다. 한편 서호주에서는 생물의 모습이 담긴 약 35억 년 전의 화석이 발견되었다. 현미경으로밖에 볼 수 없는 아주 작은 박테리아(세균)의 일종으로, 이 미화석은 현재 가장 오래된 생명체의 흔적으로 인정받고 있다. 이보다 더 오래된 화석은 아직 발견되지 않았지만, 지구상 최초의 생명은 약 40억 년 전에 등장했다고 여기고 있다.

# 인류의 막내, 호모 사피엔스

## 우주 달력으로 보는 인류 진화

우주의 역사를 한눈에 보여주는 달력이 있다. 《코스모스Cosmos》의 저자이자 우주탐사계획의 참여자로 잘 알려진 칼 세이건Carl Edward Sagan 박사가 만든 '우주 달력Cosmic Calendar'이다. 우리가 살고 있는 우주는 지금으로부터 137억 년 전(±2억 년)에 탄생했다. 우주 달력은 지구가 탄생한 46억 년 전을 기점으로 지구의 전체 역사를 1년으로 압축한 것이다. 지구의 탄생부터 현재까지를 365일로 환산하면, 하루는 약 1260만 년에 해당한다.

| | | |
|---|---|---|
| 1월 1일 | 태양계와 지구의 탄생 | (46억 년 전) |
| 2월 17일 | 생명의 탄생 | (40억 년 전) |
| 3월 29일 | 가장 오래된 화석 | (35억 년 전) |
| 7월 18일 | 진핵생물의 등장 | (21억 년 전) |
| 11월 14일 | 에디아카라 생물군 | (6억 년 전) |
| 11월 18일 | 고생대 · 캄브리아기, 캄브리아 대폭발 | (5억 4200만 년 전) |
| 11월 26일 | 식물의 육상 진출 | (4억 5000만 년 전) |
| 12월 12일 | 공룡의 등장 | (2억 5000만 년 전) |
| 12월 26일 | 공룡의 멸종 | (6500만 년 전) |
| 12월 31일 10시 40분 | 인류의 등장 | (700만 년 전) |
| 12월 31일 16시 23분 | 직립보행하는 인류(오스트랄로피테쿠스)의 출현 | (400만 년 전) |
| 12월 31일 23시 37분 | 호모 사피엔스의 등장 | (20만 년 전) |

1월 1일, 처음 지구가 생겨나고 그로부터 한 달 반 후에 생명이 탄생했다. 생명이라고는 하지만 하나의 세포로 이루어진 아주 단순한 구조의 원핵생물, 즉 단세포생물이었다. 이후 10억 년이 넘는 세월이 흘러 약 21억 년 전에 진핵생물이 탄생했다. 또다시 10억 년 이상의 시간이 흐른 뒤 복잡한 세포로 이루어진 다세포생물이 등장했다. 최초의 다세포생물은 해조류로 지금으로부터 약 10억 년 전에 나타났다.

11월 14일(6억 년 전)이 되자 갑자기 생물들의 모습이 다양해지면서 몇 센티미터부터 1미터 정도 크기의 생물들이 여기저기서 등장했다. 바로 에디아카라 생물군이다. 11월 18일, 캄브리아기의 대폭발이 일어나고 바닷속에는 여러 종류의 생물들이 서식하게 되었다. 11월 26일에는 식물이 육상으로 진출했다. 이어서 절지동물과 척추동물인 양서류까지 지상으로 올라와 바다와 육지, 지구상의 모든 곳에서 생물이 서식하게 되었다. 이후부터가 앞서 살펴본 Part1, 2에 해당하는 내용이다. 12월 31일 저녁 무렵에 이르러 직립보행을 하는 오스트랄로피테쿠스가 등장하고 같은 날 밤, 다음 해로 넘어가기 23분 전에 현재 인간인 호모 사피엔스가 출현했다. 1월 1일을 코앞에 둔 마지막 날 밤에 아프리카에서 탄생한 것이다.

오랜 역사를 가진 지구의 입장에서 보면 인간은 이제 갓 출현한 막내인 셈이다. 호모 사피엔스는 문명을 개화시키고, 지구상의 모든 자연계, 물질계 그리고 인류의 진화를 탐구해왔다. 여기서 그치지 않고 상상을 초월하는 거대한 우주의 신비에 도전하는 중이다. 사실과 논리를 근거로 이론을 세워 의문들을 하나씩 풀어나가고 있다. 고도의 지적 능력을 갖춘 인류, 오늘날의 우리가 바로 호모 사피엔스다.

"이 세상에 태어난 것도, 지금까지 무사히 살아올 수 있었던 것도 행복이다. 그리고 나에게 주어진 앞으로의 인생은 더 큰 행복이다."

필자가 편집을 맡았던 과학교육 관련 저서에 있던 문구다. 지구가 생겨나고 그곳에서 생물이 태어나 진화를 거듭하여 인류가 되었다. 그리고 우리는 그 인류의 구성원으로서 이 자리에 있다. 우주의 역사라는 거대한 흐름 속에 나의 삶은 과연 어떠한 의미인지 생각해보자는 의미에서 시부야 하루요시渋谷治美 교수의 말을 인용했다. 생명의 소중함을 일깨워주는 이 명언을 학생들도 실감할 수 있기를 바랐다. 과학교육자 입장에서 어떻게 하면 효과적으로 교육할 수 있을지 고민했다.

한번은 마음먹고 강의에서 마에다 토시오前田利夫의 《생명의 기원을 찾아서 137억 년의 여행いのちの起源への旅 137億年》이라는 책을 참고서로 수업했던 적이 있었다. 일본에서 중·고등학교 과학 과목

의 교원자격증을 취득하려면 반드시 이수해야 하는 '일반과학교수법'에서 인류의 역사에 대해 이야기했다. 책에 나와 있는 목차 그대로 우리의 조상을 따라 차례로 거슬러 올라갔다. 현대인에서 구인, 원인原人, 원인猿人, 초기 원인의 순으로 인류의 기원에 대해 고찰한 다음, 이어서 영장류·포유류, 캄브리아기 대폭발, 30억 년 동안 지속된 단세포의 시대 그리고 생명의 기원까지 2시간 연속으로 강의를 진행했다.

'우리는 어디서 왔을까?'란 물음은 장래에 과학교사를 꿈꾸는 사람들은 물론, 교사가 되지 않더라도 인생에서 한 번쯤은 짚고 넘어가야 할 가치 있는 질문이라고 생각했다.

그러던 중에 좋은 기회가 생겨 이 책을 쓰게 되었다. 이 책이 조금이라도 재미있고 유익하게 느껴졌다면 첫 독자이자 편집을 맡아준 와타 유리 씨의 노고 덕분이다. 조언에 따라 내용의 수정과 추가를 거듭한 끝에 무사히 완성할 수 있었다. 감사의 마음을 전하고 싶다.


사마키 다케오

NHK 스페셜 생명대약진 제작반NHKスペシャル「生命大躍進」制作班, 《생명대약진生命大躍進》, NHK출판NHK出版, 2015년.

검정교과서, 《생물의 세계 ⅠA生物の世界ⅠA》, 도쿄서적東京書籍, 2003년.

나라 타카시奈良貴史, 《네안데르탈 인류의 비밀ネアンデルタール人類の謎》, 이와나미 주니어 신서岩波ジュニア親書, 2003년.

마에다 토시오前田利夫, 《생명의 기원을 찾아서 137억년의 여행いのちの起源への旅 137億年》, 신일본출판사新日本出版社, 2011년.

미네시게 신嶺重慎·고쿠보 에이치로小久保英一郎편저, 《우주와 생명의 기원 빅뱅에서 인류탄생까지宇宙と生命の起源 ビックバンから人類誕生まで》, 이와나미 주니어 신서, 2004년.

바바 히사오馬場悠男, 《우리는 어디에서 왔을까 인류 700만 년사私たちはどこから来たのか 人類700万年史》, NHK출판, 2015년.

사라시나 이사오更科功, 《화석의 분자 생물학 생명진화의 수수께끼를 풀다化石の分子生物学 生命進化の謎を解く》, 고단샤 현대신서講談社現代親書, 2012년.

생화학 젊은 연구자모임生化学若い研究者の会, 《고등학생도 이해하는 바이오 과학의 최첨단高校生からのバイオ科学の最前線》, 일본평론사日本評論社, 2014년.

센자키 타츠야千崎達也, 《캄브리안 몬스터 도감カンブリアンモンスター図鑑》, 슈와 시스템秀和システム, 2015년.

신 준페이眞淳平, 《인류가 탄생하기까지 일어난 12가지의 우연人類が生まれるための12の偶然》, 이와나미 주니어 신서, 2009년.

토학회と学会, 《미스터리 초 현상 99가지 사건의 진실トンデモ超常現象99の真相》, 요센샤羊泉社, 1997년.

국내 번역 도서

다니엘 리버먼Daniel E. Lieberman 지음, 김명주 옮김,《우리 몸 연대기The Story of the Human Body》, 웅진지식하우스, 2018년.

리처드 포티Richard Fortey 지음, 이한음 옮김,《생명: 40억년의 비밀Life: an unauthorised biography》, 까치, 2007년.

빌 브라이슨Bill Bryson 지음, 이덕환 옮김,《거의 모든 것의 역사A Short History of Nearly Everything》, 까치, 2003년.

스반테 페보Svante Paabo 지음, 김명주 옮김,《잃어버린 게놈을 찾아서Neanderthal Man: In Search of Lost Genomes》, 부키, 2015년.

# 재밌어서 밤새 읽는 인류 진화 이야기

1판 1쇄 발행  2020년 1월 30일
1판 3쇄 발행  2022년 7월 12일

지은이 사마키 다케오
옮긴이 서현주
감수자 우은진

발행인 김기중
주간 신선영
편집 민성원, 정은미, 백수연
마케팅 김신정, 김보미
경영지원 홍운선

펴낸곳 도서출판 더숲
주소 서울시 마포구 동교로 43-1 (04018)
전화 02-3141-8301
팩스 02-3141-8303
이메일 info@theforestbook.co.kr
페이스북·인스타그램 @theforestbook
출판신고 2009년 3월 30일 제2009-000062호

ISBN 979-11-90357-16-6  03470